别在吃苦的年纪选择安逸

安若素　编著

中国言实出版社

图书在版编目（CIP）数据

别在吃苦的年纪选择安逸 / 安若素编著 . -- 北京 : 中国言实出版社 , 2019.8

ISBN 978-7-5171-3175-5

Ⅰ . ①别… Ⅱ . ①安… Ⅲ . ①人生哲学—通俗读物Ⅳ . ① B821-49

中国版本图书馆 CIP 数据核字（2019）第 154896 号

出 版 人 王昕朋
责任编辑 王战星
责任校对 宫媛媛

出版发行 中国言实出版社

地　址:北京市朝阳区北苑路180号加利大厦5号楼105室
邮　编:100101
编辑部:北京市海淀区花园路6号院B座6层
邮　编:100088
电　话:64924853（总编室） 64924716（发行部）
网　址:www.zgyscbs.cn
E-mail:zgyscbs@263.net

经　　销 新华书店
印　　刷 北京温林源印刷有限公司
版　　次 2020年9月第1版　2020年9月第1次印刷
规　　格 710毫米 × 1000毫米　1/32　8印张
字　　数 130千字
定　　价 42.00元　ISBN 978-7-5171-3175-5

目录

第一章
奋斗：青春最好的标签是奋斗，而不是安逸

古人云："少壮不努力，老大徒伤悲。"是的！浪费时光就是在犯罪。那些艰难坎坷，只不过是人生中的小小挑战。有时我们也会感觉到很累，想停下来歇歇。但是如果不努力，又如何创造精彩的人生呢？又怎能无悔于青春呢？越努力，越幸运；越奋斗，越幸福。在奋斗的年纪一定不要选择安逸，要用踏实奋斗成就属于自己的人生。

行动是成功的开始

电影《遗愿清单》中有这样一段话："一个人一生的意义很难衡量，有人认为这在于此人留下了什么；而有人则认为这在于一个人的信仰；还有人认为，这在于爱；其他人则

说，生命根本没有任何意义。”生命的意义和目的是什么？这个问题或许并没有答案，或者说每个人都有自己的答案。

无论人们如何定义自己生命的意义和目的，有一点是大家都承认的，那就是生命的过程是一个不断奋斗、不断成长的过程，从出生，到认知这个世界，到建立起自己的价值观，到生命的终结，与其说是一次生命的过程，不如说是一趟灵魂奋斗的旅程。如何安排好自己的这趟灵魂旅程，让自己的生命和青春不至虚度，是每一个人这一生都要去思考的问题。

大学毕业后，赵飞进入一家房地产公司，经过专业培训之后便成为正式员工。在一次全员大会上，总经理慷慨激昂地进行了一番演讲，鼓励大家努力工作、做出突出的成绩。赵飞很受鼓舞，立志成为这个行业的卓越者。

接下来，总经理转过身，从公文包里拿出一沓文件，问道：“这些文件是急需处理的，有谁愿意帮我整理一下？”

赵飞很想站起来，说“我可以”，可是看到大家都坐着不动，便也没敢站起来。片刻之后，总经理笑了笑，指着窗外那高楼林立的开发区，说：“你们知道吗？20年前那里还是一片荒芜，没有一栋大楼，甚至没有一个人。当时很多人想要开发这里，因为要是能够成功的话，便可以获得巨额利润。可是由于缺乏资金和政策支持，谁也没有勇气站出来。后来，一个年轻人行动了，虽然有些犹豫，却成为第一个敢行动的人。现在你们看到了，这里变得异常繁荣，而那个年轻人亦成就了属于自己的事业。”

赵飞心里明白，那个年轻人就是总经理本人，因为他敢行动、敢尝试，所以才成就了今日的成功，缔造了一个非凡的地产王国。如果当时他只是渴望成功，却不敢行动，现在很可能碌碌无为。

一下子，赵飞的激情被唤醒，于是勇敢地站起来说：“总经理，我愿意！”

总经理看着他，微笑地点了点头。从那以后，赵飞总是比别人更快行动，比别人做更多的工作，而总经理也逐渐把一些重要的事情交给他。

很快，几年过去了，赵飞做出了非凡的业绩，坐上了部门经理的位置。当有人问他为何在短短几年便取得如此成绩时，他总是会说起总经理当年说的话，并且感慨地说：“青春短暂，行动是成功的开始。虽然行动之后，你不一定会获得成功；但是你坐在原地，不肯行动，那么就永远也不要奢望成功！”

在这个世界上，我们每个人的成功，甚至是每一点一滴的收获，都是通过实实在在的行动得到的。有的人收获满满，获得了巨额的财富，那是因为他们具有独特的行动力；而有的人两手空空，穷困一生，则是因为他们始终想入非非，活在自己的空想之中。即便有机会摆在他们面前，他们也只会选择等待和观望。

一次，美国通用电器公司前首席执行官杰克·韦尔奇为一家企业的管理人员进行培训，事后，一位中层管理人员问道：“韦尔奇先生，您讲的那些内容我们都知道，可为什么我们之间还是有如此大的差距呢？”

杰克·韦尔奇笑着说：“那是因为你们是知道，而我是做到了，这就是我们的差别。”

是的，这就是差别——空想与行动的差别，正因为这个差别才造就了失败和成功的天差地别。很多时候，我们知道很多道理，但是这些简单易知的道理我们却没有做到。

比如，我们都知道“水滴石穿”的道理，可轮到自己做事的时候却时常缺乏耐心，不能坚持到底，结果只能与成功失之交臂。很多时候，我们总是有很多想法和构思，但是却没有及时抓住机会去把这些想法付诸实践。比如，我们想要提升自己、多读些书籍，可每次刚拿起书就放下，反而看起手机来，沉浸在搞笑小视频、微信聊天之中，结果提升、读书都成为空想。

所以，知道得再多、想得再好，可不去做，不去行动，那么我们只能在原地踏步，只能承受一次次失败。只有行动，才能使我们开始一步步实现自己的想法，一步步地迈向成功。也正是行动，才能使得我们拉开与失败者的距离，不仅超越失败，更超越我们自己。

若是你不想虚度青春，想要给自己的青春岁月打上奋斗的标签，那就立刻行动起来，并且真正付出自己的汗水和努力吧。不管你的想法是什么，不管你在哪里开始，当你想要成功的时候，就必须让自己行动起来，否则，一切都将会成为过眼云烟。而等待你的也只有失败、失败、再失败，只有行动起来，你的奋斗才会有成功的机会。

在“钟表王国”瑞士有一座温特图尔钟表博物馆，博物馆里的一些古钟上刻着这样一句话：“如果你的奋斗跟得上时间的步伐，你就不会默默无闻。”

如果有了梦想，就要趁自己的大好青春还在，及时行动起来，只有如此，你的梦想才不会沦为空想。

越安逸，越舒适，就越危险

在《钢铁是怎样炼成的》一书中，保尔·柯察金说，“人最宝贵的是生命，生命每人只有一次，人的一生应当这样度过：当他回首往事的时候，他不会因为虚度年华而悔恨；也不会因为碌碌无为而羞愧，当他临死的时候，他能够说：‘我的整个生命和全部精力，都献给了世界上最壮丽的事业——为人类的解放而斗争’。”

这句话曾经成为一代人的精神烙印，不断激励和鞭策着人们去奋斗，去拼搏。可是不知道从什么时候开始，生活中的我们却渐渐淡忘了奋斗的初衷，常常感到迷茫，有些人甚至常常抱怨生活怎么这么无聊，这是很危险的。要知道岁月匆匆，人生苦短，如果百花还来不及绽放就已经错过了花期，那该是多么令人懊悔的事。

时间是最宝贵的东西。随着时光的流逝，年岁的增长，我们容颜已经憔悴，记忆力也不如从前，在回忆往事时，发现自己的一生竟然就那么走过了，这时才悔恨自己的青春短暂，碌碌无为，岂不是人生最大的失败吗？

有一个小和尚，他每天都在寺庙中念经，越念越烦。一天夜里，他做了一个奇怪的梦，梦见自己被通知去阎罗殿报到。这时，一座金碧辉煌的宫殿出现在他面前。正当他端详宫殿时，里面走出一个人，对他说："你有什么愿望吗？"

小和尚说："我每天都忙于念经和学习佛法，现在非常讨厌念经，每天只想吃、想睡。"

宫殿主人笑着说："你留下来和我一起住吧，世界上再也没有比这里更适合你居住的了。在我这儿，不用念经，不用学习，也没有那么多的规矩，最重要的是，这里有丰富而美味的食物，你想吃什么就吃什么，有舒适的房间，你想怎么睡就怎么睡。"

小和尚很兴奋，再次确认着："你保证不会给我经书，让我参悟佛法吗？"

宫殿主人笑着点点头，向小和尚伸出了手。

小和尚心想，这里简直就是天堂，于是高高兴兴地牵起宫殿主人的手，走进了宫殿。

在开始的一段日子中，小和尚每天除了吃，就是睡觉，感到异常快乐。渐渐地，他觉得有点寂寞和空虚，于是就去见宫殿主人，抱怨道："这种每天吃吃睡睡的日子过久了，也没有多大意思，我对这种生活已经提不起一点兴趣了。你能不能给我找几本经书看看，或者时不时地给我讲几个佛祖的故事听听呢？"

宫殿主人答道："对不起，我们这里从来不曾有过这样的事，你还是待在这里好好地享受吧！"

又过了几个月，小和尚感到内心空虚极了，就又去找宫殿主人："这种日子我实在是过不下去了。如果你再不给我经书念，再不让我听到佛法，我宁愿去下地狱！"

宫殿主人轻蔑地向他笑了笑："你以为这里是天堂吗？这里可是真正的地狱呀！"

小和尚以为在天堂的日子就应该吃喝玩乐，但在每天玩乐之后，他突然感到空虚，才发现，原来每天无所事事的地方不是天堂，而是地狱。

生活中，有多少人活着活着就活成了故事里的那个小和尚？青春短暂，在安逸中挥霍时光是一件可惜又可悲的事。年轻，就应该奋斗；年轻，就应该拼搏；年轻，就是

我们的资本。不要在奋斗的年纪挥霍时光，选择安逸。我们每个人都不是孤立存在的，每个人都有自己的责任，对辛劳的父母负责，对成长的孩子负责，更需要对自己负责。肩负这么多的责任，无论如何都要学会勇于面对生活和挑战。如果你像故事里那个小和尚一样选择了安逸——只想吃、想睡，未来的你一定会为自己的选择后悔不已。

小吴大学毕业，和几个同学在上海一家企业生产车间里实习。而他的同学小李，运气就好得多，他找到了一份设计工作，朝九晚五不加班，旱涝保收有双休。在大家看来，小李上班真是悠闲到不可思议：每天早上，公司班车在他租住的小区门口准时接他，上车就算打卡，即便是加上堵车，将近9点到公司，也不用担心迟到会拿不着全勤奖。而且早上到公司还可以在食堂喝碗免费的南瓜粥。然后打一杯开水，回到办公座位上打开电脑，9点半左右开始工作。干两个小时活，中午11点半就可以去食堂吃午饭了，到了下午，可以一边设计一边玩手机。玩到5点下班，回到宿舍叫个外卖，一边吃一边打游戏，过得优哉游哉。

小李在上海的这些年，用他自己的话说就是“顺风顺水”，可好景不长，他所在的公司因为行业竞争被一家智能机器人公司收购了，他们对人力的需求并没有像以前传统行业那么大，新公司的管理和技术标准都更高更严格，许多技术含量不高的岗位都直接精简了。于是，小李失业了。没有其他技能的小李，难以再找到如此悠闲的工作，晃荡了小半年后，无奈离开了上海。走的时候，小李抱怨说，上海生活成本太高了，房价又高不可攀，活着太累。

很显然，到最后还在抱怨外在原因的小李，始终没有弄明白自己越混越差的本质原因。并不是城市和生活抛弃了他，而是他自己的步伐太慢，跟不上时代和社会发展的节奏了。其实每个人都有梦想，但是有的人把它变成了事实，有的人的梦想却永远都是梦，这是什么原因呢？梦想是需要通过拼搏和努力来实现的，如果只是贪恋于眼前的安逸，那么人生也只能在碌碌无为中度过。

据说在古希腊，有人去世，亲人朋友从不写讣告，他们只问一个问题：“他生前活得有没有激情？”对生命和拼搏的热情是唯一有助于实现愿望和梦想的催化剂，如果你对梦想充满激情，就会感受到奋斗过程中的乐趣，工作和生活也就不会觉得平凡和枯燥。人生之路上，不要贪图不属于自己的安逸，更不能沉迷于眼前的享受，你必须克服自己拖拉的习惯、懒惰的心理，抓住每一分每一秒去奋斗拼搏，你做到了这些，那么碌碌无为就不会是加给你的形容词。

所有的颠沛流离，只为成就更好的自己

生活中，有些年轻人一毕业，父母就为他们找好了工作，买好了房子；有些同事一进公司，老板就给他加薪，看似没什么能耐却很快升了职；有些朋友一被开除，就自己办了公司，而且发展得不错……怎么别人都这么幸运，而我却这么“倒霉”呢？上天没有给我有钱的父母、做高官的兄长，没有给我闭月羞花的容颜，没有给我聪明无比的头脑……为什么上天给了我一条颠沛流离的人生之路？

好多人都在埋怨上天的不公，可是眼前的一切并不是埋怨就可以解决的，再怎么捶胸顿足也无法改变当前的现状，开始你也许只是为了宣泄，可是这种没完没了的宣泄

可能会成为一种恶习，只会让你徒生烦恼，陷入低迷的情绪中。与其这样埋怨上天的不公，不如赶快行动起来，扭转这种不公平的现状。你的人生没有别人帮助，那就需要自己去开拓。

2004年5月的一个晚上，一位“半身人”用双手撑着地，一步步地走上了青岛天泰体育场的主席台，台下12000余名听众给予了他雷鸣般的掌声。这个半身人来自澳大利亚，名叫约翰·库提斯。他生来就没有下肢，但他却依靠着双掌走遍了世界上190多个国家和地区，被人誉为“世界上最著名的残疾人演讲大师”。另外，他也是全大洋洲的残疾人网球赛的冠军、游泳健将，甚至他可以用两只手开车。

库提斯在台上和大家打了招呼，接着他说道：“从一出生，我就是个悲剧。出生时我只有可乐罐子那么大，两腿畸形，医生断言我活不过当天。可是，我活到了现在。35岁的我，依然健在，而且去了世界上很多的地方……”库提斯一口气讲了半个小时，台下的观众不停地为他鼓掌。

最后，库提斯举起了手里的一件东西，他说："非常感谢青岛朋友的热情款待，我住的宾馆条件很好，但是有一样东西却让我不知所措，可服务生每天都会把它放在我的床头。"说完，库提斯把他手里的东西扔向了听众席，原来是一双一次性拖鞋。

听众席顿时一片肃静。

库提斯在台上大声地说："如果你能穿拖鞋的话，你就是幸运的！你没有资格抱怨，因为这个世界上不是每个人都能够穿拖鞋！"

这句话说完后，听众席立即爆发出一连串的喝彩声和长久的掌声。

库提斯说："能穿拖鞋就是幸福，就没资格抱怨！"与他相比较，我们的生活该是多么幸福，还有什么资格去埋怨自己生活的颠沛流离？库提斯认为，既然上天已经把他的脚拿走，那么就没有必要再为此伤心叹息，抛开无谓的烦恼和杂念，才能享受生活和工作中的快乐。

其实，什么是公平呢？每个人来到这个世界上，就注定区别于其他人，出生的家庭背景、教育程度等本就不同，怎么可能人人平等呢？因此，我们与其去埋怨自己的人生太艰难，还不如干脆去接受这种不公平，就像比尔·盖茨所说的：“如果觉得人生不公平，那就习惯去接受它吧！”接受这种不公平之后，你会从中看到更大的进步空间。

王薇和她的丈夫在一家企业工作，前几年，在互联网经济大潮的冲击下，他们同时失业了。生活一时间陷入了困境，王薇夫妇起初觉得很不公平，但是抱怨无用。于是，消沉了一段时间之后，他们决定依靠自己闯出一片新天地。

2012年，王薇和丈夫一同来到成都，他们在机场附近租下了一个小门面，卖稀饭及各种日用品。在他们先后投入了3万元后，稀饭店总算开张了。然而，上天的“不公平”再次出现了，他们虽然起早贪黑地干活，可开张仅仅三个月，就赔了6000多元。

即使这样，王薇也没有丝毫的抱怨，她知道如果不想办法改变现状的话，就只有死路一条。可是，该如何改变呢？中国人喜欢早晨喝稀饭，但是如今的年轻人早上都忙着挤公交挤地铁，没有时间安稳地坐下来吃饭，看到外卖行业渐渐兴盛起来，王薇觉得可以把传统的吃早餐形式改变一下，用外卖的方式来经营，既方便了携带，又让人们可以吃到早餐。丈夫觉得这个想法不错，经过一番深思熟虑之后，他们决定将稀饭做成一次性包装，并推出了各种营养可口的“荤稀饭”。为了打出自己的品牌，他们给稀饭店起了一个名字——稀饭时代。

说干就干，第二天他们就行动了。夫妻两人配合得十分默契，丈夫负责研究稀饭的种类，王薇则研究如何经营。她在当地做了一系列的小广告，提出全新的餐饮理念：把稀饭当正餐，把稀饭当营养餐。为此，很多人纷纷来店里尝鲜，他们吃过后都非常满意。很快，小店的名声就起来了，不仅外卖销量大增，还有很多人远道而来，点名要品尝那些特色稀饭。

一年后，王薇和丈夫又开了几家分店，并重新注册了自己的稀饭品牌，他们的生活也重新走上了正轨。其实很多成功人士就是这样，他们在困难中不抱怨、不放弃，在别人看来颠沛流离的经历中，凭着自己的努力，取得了常人所无法想象的收获。

如果你的工作和生活陷入困顿，一定要记住：一味地埋怨只会使情绪低落，斗志降低，要告诉自己，所有的颠沛流离都是为了成就更好的自己。我们一定要学会接受现实，适应环境，把那些“困顿”“厄运”之类的埋怨吞到肚子中，像王薇一样用自己的双手去开创新的生活。

有太阳就会有月亮，有冬天就会有夏天。你不可能轻易改变风的方向，但你完全可以及时调整船的风帆。只要我们在人生道路上始终保持积极的态度，就会时刻让自己的生命之船充满动力。因此，别再埋怨上天的不公，那是一种逃避现实的做法，你的人生由你来开拓，认清自己，勇敢面对现实，一切都会随之改变。

你的梦想属于独一无二的自己

现代社会工作压力越来越大，人们每天都把自己累到无力，随着时间匆匆流逝，留下的除了疲惫，还是疲惫。

其实，人的一生很短暂，生活给了我们很多磨难，而我们在一次次战胜磨难中体现出真正的人生价值。不过，现在很多人在竞争、升职、买房等压力中丢失了自己，他们常常会因为一次次的挫败而把自己的缺点放大。其实这是大可不必的。

每个人都有自己的优缺点，做事情都会有成功和失败，千万不要因为一味地追求而为难自己，把自己变成了另外一个人。在一切还来得及的时候，张扬个性，顶住压力，丢掉负担，活出那个真正的自己才是重要的。

世界上每个人都是独一无二的，每个人都有自己独特的性格，不要纠结于你的不同，也许你的不同正是你最大的特色。保持自我，敢于展示自我，这样你才能活得更精彩。如果你还年轻，那么还来得及，让本色的自己去绽放绚丽的烟花；如果你的青春已经逝去，那么还来得及，让本色的自己拥有陈酿的芬芳。

生活在这个世界已经不容易，又何必纠缠于那些原本不重要的东西呢？放松自己才能恢复本色，俗话说："人不是因为美丽而可爱，而是因为可爱而美丽。"如果你一味地缩手缩脚，过分自闭，虽然你掩盖了自己，保存了所谓的完美，但同时你也丢失了自己那种原本的纯真。

李雨轩在很小的时候就跟着父母移民到美国，她不是那种有钱有势人家的小孩子，父母移民是为了生计，因此她家的境况并不是太好。她的童年是在阴暗潮湿的地下室中度过的。童年的记忆只有每天盼着爸爸妈妈早点回家，给自己带回热馒头。她有时蹲在楼门口，看着那些快乐玩耍的美国孩子，心里充满了痛苦和自卑。

到了上学的年龄，李雨轩进了家附近的幼儿园，她在那里从来没有勇气举手回答老师的提问，同学们做游戏时也不会叫上她，甚至连老师都记不住她的名字。这种情况一直延续到中学都没有改变，就像爸爸的生意一样，这么多年只是勉强够糊口，没什么进展。爸爸整天唉声叹气地对她说："你就认命吧！我们就是这样的，你也不会有什么作为！"这让李雨轩更加地沮丧。

"难道我将来要一直住在这个地下室吗？难道我的一生也要在贫困、烦恼中度过吗？"上了中学后的她开始为自己的未来担心不已。

一天，妈妈见她又在桌子前发呆便说道："孩子，不要在意你爸爸的话，你要记住：你不会像别人一样生活，别人也不会像你一样，因为你是世界上独一无二的！”

这句话让她的心里重新燃起了希望之火，她暗暗地告诉自己：我是最好的，没有人能比得上！她把这句话贴在桌子上，每天睡前也要对自己说“我是最好的”，然后再入睡。这句话渐渐变成了一股力量，李雨轩的学习和生活从此有了一个大的改变。学校里的老师和同学也忽然发现李雨轩跟以前不一样了，她现在总是昂着头，带着微笑来到学校；遇到不懂的问题，她会大胆地举手来提问；碰到出现争议的事情，她也会勇敢地说出自己的观点……

老师喜欢上了这个阳光的学生，同学们也整天围着李雨轩问：“你还是以前的李雨轩吗？你得了什么法宝吗？是什么让你变得这么快乐呢？”李雨轩笑而不答，但心中的信心像一把熊熊的火，烧得更旺了！

高中毕业后，李雨轩准备找一份工作，她要凭自己的力量改善家里的现状。她第一次去应聘的公司是一个跨国公司，那家公司的秘书向她索要名片，她笑着递上一张黑桃A，秘书一愣，但没有问什么，直接把“名片”给了经理。

经理看着这张黑桃A，眼里充满疑惑，立刻给了李雨轩面试机会。他不知道面前这个面带微笑的女孩到底是什么用意，用黑桃A作名片，这可是他从未见到过的情况。

“你是黑桃A？”经理盯着李雨轩问。

“是的。”李雨轩说，脸上带着自信的微笑。

“为什么？”经理疑惑地问。

“因为黑色代表力量，A代表第一，我刚好就是一个充满力量的第一。”

经理一下子睁大了眼睛，眼前的这个女孩自信的笑容感染了他，他没有想到一个小小的女孩会有如此强大的内心！他立即决定，给这个自信的女孩子一个机会。

人生舞台上，我们可能会扮演不同的角色。在工作中，我们或真或假地演绎；在生活中，我们也戴上面具去面对他人。这些可能会助我们事业成功，会让我们生活愉快，但我们是否得到了真正的轻松呢？给自己的生活留下个空间，放松心情，摘下面具，还于本色，活出一个独特的、真实的自我来，你才会活得更加愉快、更加精彩。

“邯郸学步”最终连自己的走路方式也丢掉，“东施效颦”只能丢尽面子。一个人丢失了自己，就会注定跑在别人后面，仿佛自己追求到了很多东西，但实际上都是别人留下的脚印而已。无论你有着多少优点和缺点，无论你现在有着什么样的地位，无论你现在有着多少金钱，都应该找回最初的自己，只有那个独一无二的自己，才是最精彩的。

趁着我们还没有完全迷失，趁着我们还能回归本色，趁着一切还来得及的时候，活出最精彩的自己吧！

把所有的苦难都踩在脚下

众所周知，没有经历过挫折的雄鹰永远不能高飞，没有经历过风雨洗礼的天空永远不会出现彩虹，没有经历过风吹日晒的树苗长不成参天大树……一个人如果没有遇到过任何挫折，没有承受苦难的能力，就不可能获得成长，取得成功。其实，任何的苦难都是一只“纸老虎”，长得凶神恶煞，令人望而生畏，但是它也许只需要你的一个手指就能被打倒。

苦难好似暴风雨，常常会使人无法抬头，无法睁眼，甚至迷失前方的路。但苦难往往不能避免，谁都会遭遇到“山穷水尽”的绝境，面对生活的暴风雨，你会怎样选择呢？一个人生活在世界上，总会遇到这样那样的苦难，有些人被苦难吓到了，他们畏畏缩缩、敷衍了事、拖延逃避，但是这样就可以结束苦难吗？当然不能，结束苦难唯一的办法，就是把它踩在脚下。

在一个偏僻遥远的山谷里，有一个高达数千尺的断崖。不知道什么时候，断崖边上长出了一株小小的野百合。

野百合刚刚诞生的时候，长得和杂草一模一样。但是，它心里知道自己并不是一株野草。在它的内心深处，有一个纯洁的念头：“我是一株百合，不是一株野草。唯一能证明我是百合的办法，就是开出美丽的花朵。”有了这个念头，野百合努力地吸收水分和阳光，深深地扎根，直直地挺着胸膛。

终于，在一个春天的早晨，野百合的顶部结出了第一个花苞。

野百合的心里很高兴，附近的杂草却都不屑，它们在私底下嘲笑着野百合："这家伙明明是一株草，却偏偏说自己是一株花，还真以为自己是一株花，我看它顶上结的不是花苞，而是头上长瘤了。"

它们在公开的场合讥笑野百合："你不要做梦了，即使你真的会开花，在这荒郊野外，你的价值还不是跟我们一样？"

偶尔也有飞过的蜂蝶鸟雀，它们也会劝野百合不用那么努力开花："在这断崖边上，纵然开出世界上最美的花朵，也不会有人来欣赏呀！"野百合说："我要开花，是因为我知道自己有美丽的花；我要开花，是为了完成作为一株花的庄严使命；我要开花，是因为喜欢以花来证明自己的存在。不管有没有人欣赏，不管你们怎么看我，我都要开花！"

在野草和蜂蝶的鄙夷下，野百合努力地释放着内心的能量。有一天，它终于开花了，它那灵性的洁白和秀挺的风姿，成为断崖上最美丽的风景。

这时候，野草与蜂蝶再也不敢嘲笑它了。

百合花一朵朵地盛开着，花朵上每天都有晶莹的水珠，野草们以为那是昨夜的露水，只有野百合自己知道，那是极深沉的欢喜所结出的泪滴。

年年春天，野百合都努力地开花、结籽。它的种子随着风，落在山谷、草原和悬崖边上，在每一处都开出洁白的野百合。

几十年后，远在千里外的人们，从城市、从乡村，千里迢迢赶来欣赏百合花。许多孩童跪下来，嗅百合花的芬芳；许多情侣互相拥抱，许下百年好合的誓言；无数的人被这美景感动得落泪。

那里，被人们称为“百合谷地”。

不管别人怎么欣赏，满山的野百合都谨记着第一株野百合的教导：“我们要全心全意地开花，以花来证明自己的存在。”

野百合没有好的生长环境，被人们瞧不起，又得不到任何赏识，如果换在人身上几乎是最痛苦的事，但是，野百合始终相信，只要它肯努力，一切的不如意都会过去，终于有一天，它把自己的种子传遍整个山谷，经过苦难的野百合成了山谷中最美的一道风景。

苦难来临并不可怕，可怕的是自己的屈服。人类从诞生之初就一直在与苦难作战，而历史告诉我们，所有畏惧苦难的人都被苦难吞没，那些把苦难踩在脚下，狠狠踩碎的人获得了最终的成功。试想一下，如果我们在森林中突然遇到一只野猪的攻击，你是跪下来乞求呢，还是拿起武器作战？当然，任何一个聪明人都会选择战斗，哪怕有一线生机也会作战到底。苦难正是这样，你越是跪地哀求你便越痛苦。

有一个著名的音乐家，他的一生可以用苦难两个字来形容。从他4岁那年开始，一直到生命的最后一刻，他始终都没有摆脱苦难的纠缠。不过，他并没有被苦难打败，而是用自己坚定的人生信仰超越了苦难，最终脱颖而出。

他长期把自己关禁闭，疯狂地练琴，每天至少要练习10到12个小时，忘记了饥饿和死亡。他13岁时，开始周游各地，过着流浪的生活。除了那把始终陪伴他的小提琴以外，他一无所有。除了拉琴，他还在指挥艺术上苦下工夫，并创作出《无穷动》《女妖舞》《随想曲》和6部小提琴协奏曲及许多吉他演奏曲。在他15岁那年，他举办个人首次音乐会，一举成名，轰动了整个音乐界。他的名气很快便传到了法国、德国、英国、捷克等国家。

他的琴声到底有多神奇？帕尔玛首席提琴家罗拉听到他的演奏之后，惊异得从病床上跳下来，木然而立；维也纳一位盲人听到他的琴声，以为是乐队在演奏，当得知台上只有一个人时，大叫“他是个魔鬼”，匆匆逃走；卢卡共和国宣布他为首席小提琴家。

也许你知道他的名字，没错，他就是闻名世界的超级小提琴家——帕格尼尼。

“山重水复疑无路，柳暗花明又一村。”生活本就充满苦难，因此我们要遇山开山，遇水劈水，只有你坚强起来了，苦难才会变得渺小。海明威曾说：“生活总是让我们遍体鳞伤，但到后来，那些受伤的地方一定会变成我们最强壮的地方。”挫折之中往往孕育着未来的希望，过去的创伤所带来的苦难往往正是我们应对生存危机的力量。

微笑着去面对苦难和伤痛吧，在苦难面前笑得灿烂的人才会有战胜苦难的能力，面临生活中的一切不如意，相信自己，不要轻言放弃，也不要沉浸于悲伤之中，最好的方法就是运用自己的力量去寻找与苦难斗争的方法，并勇敢地把苦难踩在脚下，把曾经的苦难变成自己身上荣耀的印记。

第二章

情绪：不要让负能量绑架了自己的时间

富兰克林说：“我从未见过一个早起勤奋谨慎诚实的人抱怨命运不好。”心态和情绪在人的一生中有着十分重要的作用，那些情绪控制出现偏差的人，最明显的特征就是容易产生负面心态，他们眼中只看到别人的缺点，却看不清自己；这种负面心态带来的负能量使得他们的心里缺乏自信、坚定这些积极信念，有的只是怨天尤人与自怨自艾，这样的人，又谈何进步呢？

原谅自己，不要为过去耿耿于怀

俄国作家屠格涅夫说过：“幸福没有明天，它甚至也没有昨天，它既不回忆过去，也不去想将来，它只有现在。”幸福其实就在我们面前，忘记过去的一切，你才能把握好今天的幸福。太阳每天都会升起，每一天都是新的一天，我们不能因为留恋昨天美好的太阳而无视今天的阳光，更不能责备昨天的云彩挡住了太阳，而无视今天的灿烂。

生活中我们常常会看到一些所谓“念旧”的人，他们为了已经分手的恋情而痛苦不堪，甚至一直纠缠着已经分手的恋人，打乱人家的正常生活，而自己的工作、生活更是一塌糊涂。有些人对于已经离去的人或者做错的事情，始终无法释怀，一天到晚沉浸在伤感中，对过去耿耿于怀，久久无法走出来。

子凡的奶奶去世了，奶奶生前最疼的孙子就是子凡，这个原本活泼可爱又极聪明的小男孩一下子就变得消沉了。奶奶已经去世半年多了，可他还沉浸在伤心中，每天没心思吃饭，没心思学习，泪水常常在他的眼圈里打转。

周围的人们说子凡是一个重感情的孩子，可他的爸爸妈妈却很为他担心，因为他的这种重感情已经严重影响了他的健康，也影响了他的学习。爸爸妈妈也不知如何安慰子凡，只好求助于子凡的爷爷。爷爷了解情况后，决定和他好好聊一聊。

“孩子，你为什么天天伤心呢？”爷爷问他。

“因为奶奶永远离开了我，她再也不会回来了。”

“你知道奶奶永远回不来了，可是还有一样东西也永远回不来了，你知道是什么吗？”爷爷问道。

“嗯？还有什么会永远不会回来呢？我不知道。”子凡疑惑地看着爷爷。

“傻孩子，时间呀！你所度过的所有的时间，还有这些时间中经历的所有事物，它们过去了就永远不会回来了。这就像一天过去了，它便成了永远的昨天，以后我们也无法再回到昨天，更没有办法去为昨天弥补什么。”爷爷抚摸着小子凡的头继续说，“当你爸爸和你一样小的时候，他每天都很不听话，玩的时候想着作业没做完，玩不痛快，学的时候老想出去玩，也就学不好，所以没有上大学就开始工作了。你看，他现在再怎么后悔不也晚了吗？”

子凡听着爷爷说的话，笑笑说：“爷爷，我明白了，我们要过好今天，因为今天的太阳落下去了，就再也找不回来了。”

爷爷点了点头。

从此，子凡恢复了以前的活泼，他珍惜着每一分钟，好好生活、好好学习。每天放学回家，他也会在家的院子里面看着太阳一寸寸地沉到地平线下面，然后快乐地说："我今天没有遗憾！"

今天太阳落下去了，当然明天还会再升起，可是，我们再也不能看到和今天一样的太阳了。人们说，时间可以冲淡一切，无论你的昨天有着怎样的痛苦，它已经过去，现在最重要的是你怎样对待今天，难道你想要今天成为明天的痛苦吗？一个常年处于忧虑中的人，他们的身心都在经受着摧残，不仅容易患上身体或者心理上的疾病，更会使他无法体会到今天的幸福。

不知从哪本书上见过这样一句话："昨天的痛，已经承受过了，有必要反复去兑现吗？明天的痛，尚未到来，有必要提前去结算吗？只要肯用行动去充实生命中的每一个'今天'，勇敢向前，机会就会在柳暗花明间。"这句话是否会使那些纠缠于昨天伤痛的人们读懂什么呢？

佩斯是一位著名的心理医生，他常常给一些因焦虑和忧愁而生病的人做心理辅导，那些人要么是沉浸在过去中难以自拔，要么是为未来担惊受怕，他们长时间闷闷不乐，从而变得焦虑，影响了身体健康。

佩斯给这些人治病的方案很简单，他只是给病人一张小字条，上面画着昨天、今天和明天的对比图，下面有一段文字："生命的每一个瞬间都是唯一，只要尽力地过好生命的每一个瞬间就可以了。"

"过好每一个瞬间"，多简单的方法，但很多人却不明白，我们整日为了昨天而悔恨，为了明天而担忧，但是这些都是无用的，因为你能把握的只有今天。纠缠过去的伤痛，只能让你丢失未来；珍视今天的幸福，才能让你享受美好的人生。

无视今天，你会发现自己的过去、现在甚至未来都是一成不变的，因为它们就像一潭死水，不断地重复着，重复着，最终你便淹没在这潭死水中。今天的时间不是昨天的时间，今天的你也不是昨天的你，一个懂得享受幸福的人，他会了解生命的意义，会珍惜每天的时光，会把握每分每秒。我们不必为失去的东西而懊恼，那些东西已经永远逝去，抬头看看你的身边，眼前的幸福才是你最应该珍惜的，才是伸手可及的。

我们生命的每一段时光都是唯一的，一去不复返的，因此，我们最应该把握的就是此刻，不要让今天成为明天的遗憾，生命才能无悔。珍惜此刻和今天，那么明天就不会有遗憾，那还有什么值得担心呢？

嫉妒会让你无法看清自己

一位智者说过："玫瑰就是玫瑰，莲花就是莲花，只要去看，不要比较。"如果你是玫瑰，那么你就要珍视自己的火热，不要羡慕莲花的清纯；如果你是莲花，那么你就要珍视自己的高洁，不要羡慕玫瑰的骄傲。你有你的特点，只有走自己的路，你才会得到你想要的幸福。

可是，很多人往往把眼光放在别人身上，因为别人比自己更强更好而嫉妒不已，陷入困扰。要知道，当你嫉妒他人时，你根本无法理性地去考虑问题，更不可能看清楚自己。所以，我们不妨闭上自己的眼睛，体会一下现在的生活，你会发现，其实你所拥有的并不比他差，只是你自己没有体会到罢了。

有一个热心而善良的天使，时常到凡间去帮助人，希望能够让更多的人感受到幸福和快乐的味道。一天，天使遇到一位年轻人，他的妻子温柔美丽，儿子活泼可爱，还有一群爱玩爱闹的朋友，但是，这个年轻人却愁眉不展，唉声叹气，看起来像有什么不满意的地方。

天使走到年轻人面前，问：“你好，我是天使，你看起来十分不快乐，我能够帮助你吗？”

年轻人对天使说道：“我什么都有，但是只欠一件东西，你能够满足我的愿望吗？”

“当然，我是天使吗！你缺少什么呢？”

“我缺少的是快乐！我的妻子美丽，人们来我家几乎都在夸她；妻子每天都把儿子当成第一去照顾，根本就不理我；我的邻居们一个个都很有钱有权，可天天来我家显摆，有事没事都来家里拜访，打扰到了我的生活……”

啊？天使疑惑了，年轻人原来是在嫉妒妻子、儿子、邻居，自己身边有这些人年轻人没有觉得幸福，反而感到了压力。于是，天使想了想，说："我明白了，好吧，我满足你的愿望。"然后，他将年轻人所说的人全都带走了。年轻人孤零零地一个人生活在人间。

当人们离开之初，年轻人很高兴，自己的日子多么安静、多么幸福呀！但是，没过几天，他觉得自己仿佛少了什么，没有了妻子体贴地照顾他的冷暖，没有了儿子在身边的打闹，没有了邻居的谈天说地，他觉得现在的生活变得凄凉无比，原来自己的生活是多么幸福，他后悔莫及，但再也没有见到过天使，于是打定主意，与其没意义地活在这个世界上，还不如死了呢。

正当他准备去死的时候，天使又来到他的身边，而且还带来了他的妻子、儿子和邻居，年轻人搂着妻子，抱起儿子，与邻居们一起谈天说地，顿时满脸笑容。他高兴地对天使说："这就是快乐，这就是幸福。"

很多时候，无谓的嫉妒会让我们失去所拥有的一切，当一切都失去时才发现，自己所拥有的才是真正的幸福。恶毒的皇后嫉妒白雪公主的美丽，不惜变成巫婆去杀掉白雪公主，其实皇后不知道，她所拥有的华贵气质是白雪公主所没有的，而白雪公主的清纯可爱是她永远也学不来的。总之，魔镜骗了皇后，让皇后失去了原本属于自己的幸福，而人生当中又有多少心魔正在引诱着那些嫉妒之人失去眼前的幸福呢？一个嫉妒的人会把心思全花在别人身上，白白浪费掉自己的时光，等时光流逝才发现一切都来不及了，他的一生都在为别人而活。

穆莎是一个优秀的导购员，她的工作能力没得说，与客户相处也很融洽，但是她跟周围的环境格格不入，与同事的关系差得很，经常显得落落寡合。因为她经常会这样想："刘静长得实在太漂亮了，一看就让我心里不舒服。""宁宁总在网上玩斗地主，我都忙成这样，可她竟然可以这么清闲地玩游戏！"……

有了这样的想法后，穆莎觉得自己跟同事们没有共同语言，处处流露出对同事的嫉妒，慢慢与同事疏远了。她所在的单位各种选拔都实行选票制，很多业务技能不如穆莎的人，因为人缘混得好，与同事们相处得和谐融洽，反而地位慢慢比她高起来，这让穆莎很受打击，也认识到了人缘的重要性，由此，她反省了自己在单位的处世点滴，觉得自己之所以把别人看扁了，是因为不懂得用欣赏的眼光看待周围的人。

接下来，穆莎开始迅速调整自己的心态。“同事在一起，是为了快乐和赚钱。之前所嫉妒同事的地方，正是自己要学习的地方，把嫉妒点转化为要学习的优点，人际关系不就上去了吗！”于是，她对同事们谦和有礼起来，并开始扭转自己的想法：刘静很漂亮，而且她对人热情友好，只要谁有需要帮忙的地方她一定会竭尽全力；宁宁虽然平时爱玩，但她一工作起来就非常地投入，原来会休息的人才能工作好……

这种精神上的净化，使穆莎发现了同事们的种种优点，她开始愿意与同事们接触，变得和气有礼貌，和从前相比，简直就像变了一个人似的。

在人生的旅途中，可能会遇到很多让我们垂涎三尺的东西，也可能会让我们嫉妒不已，但那些不属于我们，我们只有靠自己的双手才能创造出属于自己的美好明天。

每个人的存在都是无可替代的，你成不了别人，别人也无法成为你。无谓的嫉妒会让你失去自我，把时光都浪费在对别人的评头论足上，对你来说毫无意义。其实你不知道，在别人眼中你或许也是一位值得嫉妒的对象。一个有理想的人，从来不会去因为嫉妒他人而浪费自己的时间，做一个让别人嫉妒的人比嫉妒别人更加幸福。

机会从不青睐怨天尤人者

古今中外，怨天尤人者大有人在，这些人都具备一个共同特征，那就是必定一事无成，功不成，名不就。这其中有着怎样的关联呢？

我们每一个人都是凡人，我们每天都在抱怨工作、生活的种种，觉得哪里都不公平、不舒服。但是说出来之后，问题解决了吗？得到缓解了吗？一点都没有，而且还会让抱怨带来的坏情绪不断蔓延，影响我们的心情。我们不妨试想，如果从今天起，你不再去批评，不再去抱怨，不再去发牢骚，那么我们所处的环境是否会因为这些而产生巨大的改变呢？

有一位招聘经理说过这样一段话："每次面试，我的一个保留问题就是'你为什么离开上一家公司'，之所以必须要问这个问题，是想全面了解他对以前自己所在公司的评价是怎样的，如果他只会说他以前的公司多么多么差劲，有这样那样的问题，那么不管这个人有多么优秀，我也不会录用他。因为我相信，那些内心充满抱怨的人，不会给我的公司带来阳光和向上的动力。"

据说有一个虔诚信奉上帝的人，遇到水灾，别人都在慌着寻找求生工具往高处逃命，只有他坚持留在村里的教堂，他说："我相信上帝一定会来救我的。"

水越来越大，村子里已经没有人了，他待在空无一人的教堂里，开始有些害怕了。"上帝怎么还没来救我呢？"他嘟囔着。这时邻村有一艘小船路过，船上的人看到了他，冲他大喊："快来，这船还能载人，我们去山上！"他在人们惊讶的目光中拒绝了。

又过了一会儿，水位已经淹没了教堂的一层，他跑到楼顶，有些惊慌，开始抱怨起来：“上帝你干什么去了，难道没有看到我的危险吗？我平时如此虔诚地向你祈祷，你怎么能不管我呢？”

这时镇上一架搜救的直升飞机飞来，发现了屋顶上的他，飞机盘旋着，投下软梯，却被他再次拒绝了，他坚持要等上帝来救自己，飞行员无奈地离开了，留下了在屋顶抱怨的他。

最后水淹没了教堂，他被淹死了。来到天堂，他愤怒地质问上帝：“我是虔诚的信徒，我每天向你祷告，你就是这样对待你的信徒的？”

上帝也怒了：“难道是我的错？我已经为你派去了一艘船和一架飞机！你只知道不停地抱怨，我有什么办法？”

在生活中，我们经常会听到身边有朋友抱怨自己有着学历和经验，却怎么找也找不到适合自己的工作；更是有人因此而消沉，把“没有适合我的工作，工资太低”或“工作不怎么适合我，生不逢时啊！”当成自己的挡箭牌，不求上进。除此之外，还有人在单位工作了一段时间后，自动辞职，问其原因，居然是因为看不惯某位领导或同事的某些做法，或者是工资待遇不高等现象。在他们心中，看这不顺心，看那不顺眼，一味地怨天尤人，却又振振有词理由十足。

在工作中，我们同样也经常看到，有不少同事缺乏工作热情和积极性，遇到问题时却又振振有词，要么是上司给的权限不够，要么是同事的协助不足，要么是后勤部门的配合不够默契，甚至会找出一堆不相干的理由来为自己开脱，总之就是这问题不怪他，谋事在人成事在天，所有的失败要么是因为别人，要么就是因为老天爷……

这种现象其实很普遍，甚至在我们逛街的时候，我们都能听到商贩们的抱怨，要么说不赚钱，要么说东西卖不出去，还要么说进价太贵。总之，商店老板也是在怨天尤人，嫌赚的钱太少。同样，有些在生活中物质条件不好的人也经常抱怨自己没能摊上一个好爹，结果一无所有；在学校，孩子学习程度不好的家长，也会去抱怨老师没教好，甚至抱怨孩子智商较低，等等。这无疑是令人担忧的。

然而所有的结果都有其根源所在，如果我们善于去总结，就会发现，那些怨天尤人的人，往往会把所有的失败原因归结到别人头上，好像所有人都在跟自己作对，所处的环境处处阻碍自己的进步，这其实是对现实的一种逃避，如果深陷这种思维模式之中，既可能影响个人成长进步，还可能会使人际关系出问题。大多数时候，得不到是因未做到，没有实现是因还做得不够。造成我们失败的原因有多种，虽不排除有一定的客观因素，但最主要的原因还在自身，如能力素质不够、自视清高、粗心大意、没有抓住机会或有了机会不够努力等，怨天尤人是对自身不足的一种不明智掩饰，无异于掩耳盗铃。

古时有一个小故事：有个人碰到难题，于是想到庙里去求观音。正在磕头的时候，看到前面有个女人也在拜观音，他越看这个女人越像观音，于是就上前问：你是不是观音？女人说：我是观音。这个人问：你为什么要拜自己？观音说：人有难事，来求我。我有难事，该求谁呀？我该去求佛是吧？于是我就去求佛，可在路上我转念一想，求人不如求己，于是我就在这里来拜自己。这个人听后恍然大悟。

正所谓求人不如求己，与其怨天尤人在别人身上找原因，不如反思自己，看看自己做的还有哪些不足的地方。无论我们做任何一件事情，都要记住，干事就要脚踏实地，态度就是能力，但态度比能力更重要。不要怨天尤人，否则必然会一事无成。任何外部原因都不可能为自己的失败买单，任何失败也都是因为自己不够努力或是考虑不够周全。有了正确的态度，我们才能在实现梦想的道路上走得越来越顺。而怨天尤人的态度，只会让我们变得自欺欺人，离成功越来越远。

放下仇恨，就是解脱自己

生活中，我们都不是独立存在的，摩擦与误会应该是经常出现的事儿，甚至背叛也会时常上演，心中难免会燃起怒火，充满仇恨。但是，我们不妨认真思考一下，仇恨有什么用呢？带着仇恨去生活只能更辛苦，更有可能像一只无形的手一样把你推向深渊，追悔莫及。

在金庸武侠小说《神雕侠侣》中有这么一个情节：李莫愁和陆展元相爱，可是后来因为陆展元移情别恋，娶了另一位女子为妻，李莫愁心生怨恨，她想杀了陆展元的妻子以解心头之恨，但最后她却负伤回来。

于是李莫愁便怀恨在心，处心积虑地想为自己的情感讨回个公道，为自己报仇，想要亲手将那个寡情薄义的负心汉杀死才解心头之恨。她处心积虑地想要报仇，于是她背叛师门，大开杀戒，不仅杀了陆展元全家，而且还杀害了很多无辜的人，双手沾满了鲜血。在别人眼里她就是一个“魔女”，谁见到她都被吓得两腿发抖。

仇恨让李莫愁蒙了心智，一个如花的姑娘就这样沦为了杀人“魔女”。她虽然出了气，但是她得到了什么呢？陆展元被她杀掉，原本为了追求爱情而进行的复仇，结果不一样也是没有爱情吗？而且李莫愁的人生也因为仇恨而终结，就像一个人因为恨一只老鼠而把自己的房子烧掉一样，最终受伤的只有自己。

生活中有这样一些人，他们总是爱抱怨，心中仿佛有着永远发泄不完的怨恨，在他们看来，发泄仇恨不仅可以出气宣泄，也可以麻醉心灵，甚至可以把自己的某些挫折、失败的原因推脱给外界因素，等等。但不管怎么说，无论是谁，听到那些充满怨恨的抱怨，除了觉得不顺耳、不开心之外，恐怕也不会有其他感受了吧，时间久了，甚至会不由自主地产生厌恶情绪。

美国著名的建筑大王凯迪和飞机大王克拉奇感情很好，凯迪有一个十分漂亮的女儿，而克拉奇有一个年轻有为的儿子，他们为了让关系延续下去，于是不顾子女的强烈反对，撮合他们成了婚。

这两个年轻人的感情不好，经常吵架。后来，凯迪的女儿竟然不幸惨遭杀害，而据警方详细调查后，搜集来的证据都指向克拉奇的儿子。经过审判，法院作出判决，卡拉奇的儿子谋杀罪名成立，被判终身监禁。

令凯迪一家较为恼火的是，克拉奇的儿子在事实面前却从来不承认是自己杀害了凯迪的女儿，而克拉奇也极力地为儿子的罪行奔走上诉，又千方百计、拐弯抹角地不惜重金为凯迪一家做经济补偿，以求得凯迪能到法院去为儿子说情。而凯迪一想到自己惨死的女儿，就犹如一把钢刀插进心窝，疼痛难忍，痛斥克拉奇的儿子是罪有应得，埋怨自己当初怎么就看错了人，这令克拉奇很是恼火。

自此，凯迪和克拉奇变为了敌人，仇恨无情地笼罩着这两个名门望族，他们的内心得不到片刻的平静，再也没有真正地快乐过。他们明争暗斗，结果双方谁也没得到好处，都损失惨重。

就这样一年又一年过去了，就在痛苦折磨了他们20年之后，事情终于真相大白，凯迪女儿的死和卡拉奇的儿子根本就无关。这件事在美国激起了轩然大波，面对记者的采访，凯迪与克拉奇不约而同都说了同样的话："20多年来，我们所受的心灵上的折磨是用任何金钱也支付不起的！"

两人原本是最好的朋友，却因为仇恨变成了敌人厮杀20多年，但这20多年中他们得到了什么呢？只有痛苦和折磨而已。仇恨让两个人陷入了一个无尽头的深渊，明争暗斗的结果让两个人都受到惨重损失。既然仇恨把两人的人生都毁掉了，那么为什么还要坚持抱着仇恨不放手呢？

仇恨是一把利刃，它不仅会伤害到别人，更有可能会伤害自己。舍弃仇恨，才会有享受人生的时间；舍弃仇恨，才会有享受生活的空间。如何才能把仇恨舍弃呢？英国哲学家培根说："报复无非只是为了同冒犯你的人扯平，然而有度量宽谅别人的冒犯，就使你比冒犯者的品质更好。"因此，舍弃仇恨最好的办法就是学会宽容。

在日常生活中，如果我们留心，就不难发现：那些生活和工作中受人欢迎、人缘好、朋友多的人，往往是那些脸上常见笑容，待人接物友好，能给别人带来快乐的人，这种能力在人与人相处的过程中被称为"正能量"，人们往往愿意与散发正能量的人交往和做朋友。而那些心中充满怨气，脸上见不到笑容，开口就是抱怨的人，散发的是一种"负能量"，它不仅不能给别人带去快乐，甚至能把别人的快乐也抵消掉，这样的人很难受欢迎。因此，要想做一个受欢迎的人，首先要杜绝自身的怨气，远离抱怨，做一个散发正能量的人。

以宽容的心态去包容、接纳，才会解放自己的内心，获得别人的尊重和感激。“多个朋友多条路，多个敌人多堵墙。”放下仇恨，人生之路才会更顺畅，生活才会更美满。如果你正在被仇恨折磨，那么请学着宽容一点吧，以宽容之心处世，才会让心灵解放，生活充满阳光。

没有绝望的处境，只有绝望的人

人们曾经向一个登山家提问：“如果一个人攀登到半山腰，突然遇到暴风雨，应该怎么办？”

登山家答道：“应该往山顶上走。”

人们感到很疑惑，忍不住问道：“为什么不往山下跑呢？山上的风雨不是更大吗？”

登山家解释道：“往山顶的方向走，虽然遭受到的风雨可能会大些，却不足以威胁到你的生命。山下虽然看起来似乎比较安全，但是却可能遇到山洪暴发，从而危及你的生命。因此，对于风雨，逃避它，你只有被卷入洪流；迎向它，却能获得生存。”

很多时候，人的潜在力量都是在困境中被激发的，因此，如果你在工作或者生活中遇到难题，千万不要选择逃避，更不要把它推给别人，而是要迎难而上。中国有句古话：

置之死地而后生。就是比喻把自己放在一个根本没有退路的地方，只能往前，不能往后，拼死斗争，还有可能胜出，否则就只能面临失败。在人生奋斗的道路上遇到困境一筹莫展的时候，我们往往会拿出这句话来激励自己，用以激发自己面对困境奋力一搏的勇气。那么，为什么人们的潜能会在这些时候爆发呢？

这其实代表了一种力量，意志的力量。有人说，成功与失败最终取决于意志的较量。心理学研究也表明：凡是那些有惊人成就的人，他们身上所表现出来的意志品质主要有自觉性、果断性、持久性、自制性。每当我们觉得陷入绝境的时候，恰恰是最需要意志力的时候。意志力并不是忍耐，也不是原地踏步，而是在逆流中向前，是顶着压力向上，它是积极地争取，而不是无奈地等待。也许因为挫折和失败的打击让你觉得自己正在黑暗的夜色中摸索，但紧接着到来的不就是光明的早晨吗？一个很有名的“锅底法则”说的就是：人生就像一口大锅，当你走到了锅底时，无论朝哪个方向走，都是向上的。最困难的时刻也许就是拐点的开始，改变一下思维方式就可能迎来转机。

有一家大型企业，需要招收一名开拓性强的业务经理，广告一发出，面试者便蜂拥而至。因为人实在太多，公司确定了下班之前可以面试的名额之后，便通知剩下的应聘人员离开。

但其中有一个原本应该离开的应聘者却再也等不及了，因为他身上只剩下最后一天的生活费了，这份工作对他来说，意义非同寻常。于是他鼓起勇气，径直来到了保安室，要保安向老板通报，他是外地来的一位客户，看中了公司的某种产品，希望能和老板面谈。

就这样，这个人很顺利地直接见到了老板。在交谈过程中，老板似乎漫不经心地问他是如何避开保安进入公司的，他便把自己刚才的一番经过讲述给了老板听。老板听后大为赞赏，立即就录用了他。后来，他凭借自己在销售领域的出色开拓能力，很快就被提拔为销售部经理。

事后，老板对他说，是他足够的机智和聪明证明了他能胜任业务经理职位。一个优秀的业务人员，就必须具备“置之死地而后生”的素质，在和别人遭遇相同困难的情况下，尤其需要这样一种独辟蹊径的智慧。

这位应聘者之所以能够鼓起勇气独辟蹊径，冒险一搏，没有别的原因，就是因为他口袋里已经没有明天的生活费了。我们不妨试想，如果他并非出于这种窘境，口袋里还有足够的生活费，那么他还会不会有勇气去做出这个孤注一掷的决定呢？所以说，凡事无绝对。陷入困境也不完全是坏事，有的时候失败更能激起一个人的斗志。面对失败，不要停止前进的脚步。在困难面前，想让困难变得更渺小，就得让自己更强大。

生活中有着太多的酸甜苦辣让我们品尝，只有强者才能在其中体会到各种滋味。我们不能去延长生命的长度，但可以拓宽生命的宽度，强者会领略更多的风景，而弱者只能像个“套中人”一样躲在自己的空间中碌碌终生。

一个有远大抱负的人，应当加强化压力为动力方面的修炼。也就是说，在遇到挫折和失败或即将遇到挫折和失败，面临强大外在的心理压力的时候，能够做到不气馁，不懈怠，而是继续勇敢地迎接挑战，这才是真正强大的意志力。我们可以找出许多学习的榜样，各行各业都有。很多名人、伟人在挫折和失败面前，从不低头、气馁，而是善于化压力为动力，从逆境中奋起。他们的成功经历很值得我们大家去深思、去学习。每当我们面临困境，觉得已经找不到前行的道路时，不妨在心中告诉自己：好戏才刚刚开始，证明自己实力的时候到了，放手一搏，才是英雄本色。

俗话说："世界上没有绝望的处境，只有对处境绝望的人。"我们不能决定前方的路，但我们可以改变自己对待逆境的态度。高尔基的《海燕》中，海燕勇敢地展开双翅搏击风雨，从而获得了生命的力量，而那些企鹅、海鸭等一味地躲避，最终只能战战兢兢地让生命在这种拖延与躲避中慢慢消失。

第三章

责任：哪有什么岁月静好，不过是有人替你负重前行

在一所教堂的椅背上刻着这样一句话："如果你向神求助，说明你相信神的能力；如果神没有帮助你，说明神相信你的能力。"这句话里蕴含的乐观精神，才是真正可以拯救人心的神力。正所谓求人不如求己，无论任何时候，都不要把自己的命运寄托在别人身上，要改变未来，只能靠自己。

永远不要把希望寄托在别人身上

在我们遭遇危难时，能够得到别人的伸手相助是一件很幸福的事，但是，现在很多人陷入了一个人际关系的误区，常常把希望全寄托在别人身上，把麻烦别人当成理所当然的事。今天让这个朋友帮忙，明天让那个朋友帮忙，且不

说你是否令别人觉得反感，久而久之你也会形成依赖别人的习惯，渐渐失去自我。

那些习惯把希望寄托于别人身上的人，他们忽略了一个问题：只有我们自己最了解自己，成功者会自救。希望和未来都是你的，与别人没有关系，你没有劳烦别人的权利，别人也没有成全你的义务，一切都要靠你自己，因为你才是自己所有希望以及未来人生的主人。匆匆一生，你就甘愿让别人来主宰或决定你的人生及未来吗？

澳大利亚的草原上，一只迷失方向的袋鼠四处跑着，它找不到走出大草原的路了。眼看天就要黑了，这说明袋鼠越来越危险了，它明白：在黑暗中，只要自己走错一步，就有可能掉入深坑或陷入沼泽；但如果原地不动等天亮，那么它就会成为那些潜伏在黑暗中的猛兽的晚餐，袋鼠此时感到了前所未有的恐惧。

突然，袋鼠发现了自己的前方还有一只小兔子在不停地赶路，袋鼠高兴极了，连忙向前打招呼："亲爱的小兔子，我迷路了，你能帮我走出这片大草原吗？"

“我这不是正准备离开这片危险的大草原吗？我已经知道路在哪里了，我们一起走吧。”小兔子友善地对袋鼠说。

袋鼠跟在小兔子身后，不停地向前走，突然，它又发现，它们无论怎么走都在这片危机四伏的大草原上原地打转，原来黑夜让原本知道路的小兔子也迷失了方向。于是，失望的袋鼠离开了同样迷途的小兔子，摸着黑，一步一步地朝前走。

没多久，一只正在赶路的长颈鹿出现在袋鼠面前。长颈鹿看起来比小兔子更有信心，它自信满满地跟袋鼠打包票，说：“放心吧兄弟，这片草原我走了多少回了，而且我有一份精确的地图，我一定可以带你离开这里的。”

于是，袋鼠又把求生的希望寄托在长颈鹿身上，它满心欢喜地跟在长颈鹿身后，直走到筋疲力尽时，它们还在大草原上打转。袋鼠忍不住要过长颈鹿手中的地图仔细一看，才发现这哪里是什么草原地区呀？这明明是北方的沙漠地区。袋鼠又一次失望了，它离开了长颈鹿。

疲惫和恐惧渐渐侵蚀着袋鼠的勇气和信心，它在大草原上漫无目的地转着，就那样一直转呀，转呀，渐渐地，它放弃了所有的希望，沮丧地躺在草原上打算听天由命了。

它再次留恋地看了一下星空，把手插进胸前的口袋中，本来想在死之前再美美吃一顿，谁料跟着食物一起出来的竟然还有一份地图，它突然想起来，这是在超市买东西时，服务员当礼品赠送的。袋鼠若有所悟地笑了：原来，我自己本就知道正确的路呀！

生活中，许多人其实就像故事里的那个袋鼠一样，总是倾向于把希望寄托在别人的帮助上。要知道人的潜能是被激发才能发挥出来的，如果总喜欢让别人替你去做主，那你自己的能力也会慢慢丧失，而且别人也有工作要做，也有自己的生活，所以我们不能把希望总放在别人的身上。

然而，有些事只有自己才能解决，别人也许会在危难时成为那个雪中送炭的人，但他们绝对不会是你人生的唯一希望，因为你的希望掌握在自己手中。每个人的手掌上都有一条命运线，当你指望别人希望改变命运时，握紧你的拳头，你看到了什么？你的命运线在哪里？当然是在你自己的手中。

他是一个孤儿，每天衣衫褴褛地在大街上求人施舍。一天，他突发奇想，跑到摩天大楼的工地上，向一位衣着华丽的建筑承包商请教说："我该怎么做，长大后才会跟你一样有自己的事业，拥有数不清的财富呢？"

这位建筑承包商先是一愣，看着这个乞丐一样的孩子本来打算不予理睬，但是，他看到小男孩一副可怜的表情，便回答说："既然你问了，我就先给你讲一个故事吧！三个人一起去开沟渠，一个拄着铲子说，他将来一定要做老板；第二个抱怨工作时间长，报酬低；第三个只是低头挖沟。许多年过去了，第一个仍在拄着铲子；第二个虚报工伤，找到借口退休；第三个呢？他成了那家公司的老板。小伙子，仔细思考一下这个故事吧，成功者往往会不多说话，埋头苦干。"

小男孩满脸困惑，百思不得其解，承包商指着那批正在脚手架上工作的建筑工人，对男孩说：

"看到他们了吗？这些人都是我的工人。我无法记得他们每一个人的名字，甚至有些人，根本连脸孔都没印象。但是，你仔细瞧他们之中，那边那个晒得红红、穿一件红色衣服的人，他每天总是比其他的人早一点上工，工作时也比较拼命，比别人更卖力，更起劲。而下工的时候，他总是最后一个下班。我现在就要过去找他，派他当我的监工。从今天开始，我相信他会更卖命，说不定很快就会成为我的副手。

“当年，我也是这样爬上来的。我非常卖力工作，表现得比所有人更好。不久，我就出头了。老板注意到我，升我当工头。后来我存够了钱，终于自己当了老板。只要多干一点，总会成为突出的那一个，人们总是会发现你的，这样你就更加接近成功了。”

小男孩明白了这个道理，他不再四处求人施舍而是开始自食其力捡破烂。因为总是起得比别人早，跑得比别人勤，再加上不怕脏，所以每天收入都很可观。然后，他把几乎所有捡破烂赚来的钱都拿来买书，充实自己。

后来，人们都知道了有这样一个勤奋好学的小男孩，一个家境富裕而又膝下无子的人收养了男孩，开始供他上学。

小男孩毕业后靠着自己的力量成为一个成功的商人。

当我们迷失了方向求助于人是可以的，但求助之后怎样找到方向要自己掌握。人的背景、境遇不同，处理事情的方法也会不一样，也许他用这个方法会解决问题，但是，你使用之后却毫无效果甚至适得其反，那是因为你就是你，你的路还是要按你的方式去走。

每个人都有一条属于自己的路，哪怕我们陷入困境，我们也得用尽全力去激发内心的力量，让其带领我们离开危险的草原。相反，如果把希望寄托在别人身上，你的命运就会由别人来决定，当希望破灭，你的人生也就终结了。

当然，我们不能绝对拒绝别人的帮助，讳疾忌医也是人生的悲哀。这个世界上没有免费的午餐，自己的命运也不能由别人来决定，你才是自己灵魂的拯救者。

远离“啃老”这件事

“一直无业，二老啃光，三餐饱食，四肢无力，五官端正，六亲不认，七分任性，八方逍遥，九（久）坐不动，十分无用。”你知道这个谜语的谜底是什么吗？你现在是不是像谜语中一样的状态呢？已经成年却仍然像一个婴儿一样离不开父母的庇护，坐在父母的肩头上啃着苹果，不但不觉得羞愧，反而吃得津津有味，社会上给这些人群起了一个名称——“啃老族”。

现在社会上的“啃老族”似乎越来越多，随着社会压力的增加，竞争的激烈，有些人干脆躲在了父母的怀抱中，做起了名副其实的“Mama’s baby”。“啃老族”这个词已经不新鲜，很多年轻人被归在了这类人之中，他们毕业后找不到工作，也不想受创业之苦，于是闲在家中，衣食靠父母供应，像个没“断奶”的娃娃一样，做起了“襁褓青年”。

小刘已经毕业5年了，但仍然在家过着没“断奶”的生活，可谓一个十足的“啃老族”。其实，他并不是找不到工作，而是不愿意工作，他讨厌工作压力大，讨厌每天早起，讨厌加班，讨厌与人相处，于是，刚找到一份工作就辞职了。

他每天在家里啃着老爸和老妈的那点工资。

不要以为所有“啃老族”家境都好，小刘的家境就不是太好，但是，小刘觉得自己还没长大，不愿意一毕业就离开那个给他无私支援的家。小刘的爸爸妈妈也认为，这是周瑜打黄盖，一个愿打，一个愿挨，儿子愿意在家，那就让他在家待着呗。

不过，小刘闲着在家这段时间，心理压力很大，因为在外人看来，毕业了有工作不工作，还去啃老爸老妈的那点工资，实在是不像话。小刘受不了压力出去找工作，但他发现用人单位开出的工资都没有他期望的高，于是，他干脆放弃了找工作，心安理得地当起了“啃老族”。

5年的啃老生活给小刘的爸爸妈妈带来了很大的经济压力，最后他们无法承受便决定劝小刘去找工作。可是，小刘已经习惯了啃老的日子，常常以金融危机影响，工作不好找为借口，继续心安理得地依靠父母生活，父母拿他一点办法都没有。

中国传统观念中就有“养儿防老”一说，但是据统计，现在城市中很多家庭还存在啃老问题，而往往是父母创造的家庭条件越优越，孩子的啃老问题也就越严重。特别是现在独生子女越来越多，很多人都把自己娇惯起来，父母既然创造了这么优越的条件，那么自己努力还有什么用？明明有些东西触手可及，自己为什么还要经历艰辛去获得？

因此，啃老族们很坦然地坐上了父母的肩头，在父母创造的优越环境中享受着。留意一下父母吧，随着你年龄的增加，他们已经慢慢进入老年，他们也需要得到一个依靠。当你发现他们大不如从前时，你应该以自己坚实的臂膀给他们一个依靠，而不是继续享受他们创造的一切。

王涵大学毕业后，接连找了几份工作，都是没有干多长时间就辞职不干了，他辞职的理由很多，像工作太累、上班的地方离家太远等，而且因为他那暴躁的脾气，几乎每个单位的人际关系都没处好。

后来，王涵干脆放弃了找工作的想法，他要么是整天待在家里上网、睡觉，要么就是与朋友一起抽烟、喝酒、泡吧，每月最低开销也要4000多元。家里人劝他出去找工作，可他有自己的理由："那些工作要么是体力活，要么就经常加班，很累，而且工资又不高，有什么好干的。"

王涵的爸爸也拿他没办法，催得急了，王涵还振振有词："这样的情况又不止我一个。工作我迟早会找的，你们又不是没钱，干吗老催着我去工作啊？"

总之，他对爸爸妈妈劝他找工作是相当的反感。

王涵似乎已经被社会打败了，很多的年轻人并非是因为所谓的"富二代""官二代"才做起"啃老族"的。而是像王涵一样，刚毕业时心高气傲，认为自己是天底下最有能力的人，可受几次打击之后便没有了气焰，最后干脆像蜗牛一样缩到壳子中。

"啃老族"的年轻人，认清现实吧，每日无所事事地坐着，总有一天会坐吃山空，父母不会陪我们一生，当离开了父母的支撑，你要怎样一个人生活呢？因此，快快从父母的肩头下来，锻炼自己成为自立自强的社会人，完成一个完美的角色转换，给辛苦抚养自己的父母以回报。作为风华正茂的年轻人，走出温室，强化自己的能力，跳下父母的肩头，主动去承担责任，享受自己辛苦付出的收获必然会更加香甜。

自己打拼来的幸福更纯粹

我们常常会有这样的体会，我们亲自动手做成的东西，虽然不如买来的精致，但却感觉比买来的更加宝贵，这是因为其中凝结着我们的努力。幸福也是这样，往往经过自己努力而换来的幸福才会更甘甜。通过自己动手虽然会很辛苦，但是享受过程中的酸甜苦辣往往比只接受结果来得痛快。

民间有一种习俗，小孩子出生后，先让他尝一尝大黄的味道，然后再去尝甘草汁，最后才会正常进食，那是因为只有让小孩子尝到苦之后他才会感觉到甜。生活也是如此，如果没有通过努力而轻易得到的东西，就不会感觉到珍贵，就像我们毕业后领到的第一份工资，虽然数额不多，但会觉得无比幸福，那是因为这份工资中包含着自己的汗水与泪水，是通过努力换来的。

王永庆小时候家里十分贫穷，由于他在兄妹中排行老大，从小就担负着繁重的家务。6岁起，每天一大早就起床，赤脚担着水桶，一步步爬上屋后200多级的小山坡，再赶到山下的水潭里去汲水，然后从原路再挑回家，一天要往返五六趟，十分辛苦。

小学毕业后，为了维持一家人的生计，王永庆没有继续去上初中，而是来到嘉义一家米店当学徒。干了大概一年的时间，父亲见小永庆有独立创业的潜能，就向亲戚朋友借了两百块钱，帮他开了一家米店。

米店虽小，但对于王永庆而言，这是他人生中第一家自己的“产业”，所以经营起来特别用心。为了建立客户关系，他用心盘算每家用米的消耗量。当他估计某家的米差不多快吃完的时候，就主动将米送到顾客家里。这种周到的服务一方面确保那些老主顾家里从来不会断米，另一方面也给顾客提供了方便。尤其那些老弱病残的顾客更是感激不尽，自从在王永庆的米店买过米后，就再也没到别家去过。

王永庆胸怀大志，并不满足于单独卖米。为增加利润，他减少了从碾米厂进货这一中间环节，添置了碾米设备，自己碾米卖。在王永庆经营米店的同时，他的隔壁有一家日本人经营的碾米厂，一般到了下午5点钟就要停工休息，但王永庆则一直工作到晚上十点半，结果可想而知，日本人的业绩总落后于王永庆。

当人们问起王永庆成功的秘诀时，他说了四个字："吃苦耐劳"。

对于王永庆而言，挫折只是一个检修站，可以告诉他错误在哪儿，经过合理分析、修理之后，他才能更好地上路。面对人生的种种磨难，他的成功秘诀只有四个字——"吃苦耐劳"。"吃得苦中苦，方为人上人"的精神在王永庆身上得到了充分实践，只有经过一步一步地努力，才会看到成功的大门。

不愿努力、不能努力、不敢努力的人，往往会碌碌终生。如果能忍受一般人忍不了的痛，吃一般人吃不了的苦，想一般人想不到的事，坚持一般人坚持不了的信念，那么终究有一天，会走出困境，享受人生。

美国诗人朗费罗说："天才只是无限的惨淡经营与勤勉。"对于任何一位成功者来说，也都是如此。我们纵览古今，那些真正事业有成的人无不是勤勉发愤、刻苦工作的，以至于他们中不少人被视为“工作狂”或“疯子”。通常那些游手好闲、不肯吃苦耐劳的人总是有各种漂亮的借口，他们不愿意好好地工作、劳动，却常常会想出各种理由来为自己辩解。

一心想拥有某种东西，却害怕或不愿意付出相应的劳动，这是懦夫的表现。无论多么美好的东西，人们只有付出相应的劳动和汗水，才能懂得这美好的东西是多么的来之不易，才能愈加珍惜它。即使是一份悠闲，如果不是通过自己的努力而得来的，这份悠闲也就并不甜美。不是用自己的劳动和汗水换来的东西，你就不配享用它。

现实社会生活中，无论一个人处在什么样的社会阶层，具有什么样的地位和身份，他都必须或者说有义务去努力劳动。无论是穷人还是富人、无论是身居要职还是普通岗位，都必须各司其职、各尽所能，为社会做出自己的贡献。

那些事业有成者，无一不是兢兢业业勤勉工作的，而懒惰则是成功的最大敌人。在现在的社会，企图不劳而获是不可能的，也是不现实的。对于我们来说，要勤逸不要懒惰，就如同要成功不要失败一样重要。

如此看来，“努力”是一个人的命运从悲凉走向热烈的过程，是一个人从怯弱步向强悍的桥梁。所以，我们要牢记一句话：“靠山山会倒，靠人人会跑”，要想成功，一定要相信自己，敢于拼搏，善于在挫折和失败中得到进步和升华，相信我们的事业定能鼎盛辉煌，人生定能绽放光芒！

道路越坎坷，收获的希望越大

常言道：不经历风雨哪能见彩虹。其实这个彩虹包含着两层意思，一层意思是指所追求的事业获得成功，另外一层意思就是指经历挫折之后一个人抵抗挫折的能力和心理素质也会得到提升和升华。其实，人生道路上的坎坷挫折本身也是财富，因为它毕竟是一种阅历，是个人素质不断提高的基础。

被誉为“经营之神”的稻盛和夫在经历了种种坎坷之后，写下了这样一段话：

“改变了以前进退两难、犹豫不决的心态后，反而似乎豁然了，心情也愉快了。感叹怀才不遇，怨天尤人亦是枉然，于是心情有了180度大转变，决心使出干劲搞好工作，努力参与研究。从那以后，我把锅碗瓢盆都搬进了实验室，要求自己每天坚持研究。心境的变化似乎有了回报，研究成果日见成效。好结果有目共睹，随之上司好评如潮，而自己则更加忘我工作，然后收获更好的结果，由此进入了良性循环。”

对于所经历的这些坎坷，稻盛显然没有像普通人那样灰心失意，也没有像其他同事那样相继辞职另谋他就，而是从这些常人难以想象的坎坷折磨中获得了一种豁然的心境，不再去怨天尤人，埋怨自己的命运如此坎坷，上天如此不公，而是鼓舞起斗志，利用在坎坷中所汲取的养分和积聚的能量重新站了起来，最终赢得了无比辉煌的成功。

对于每一个人来说，正确认识和对待坎坷挫折都是必须要掌握的一种态度和方法。挫折对于每一个人来说都是不愿意去经历的，大家都希望无论工作还是生活都能够一切顺利，但是我们也必须承认，很多事实都表明：恰恰是在经历一定的挫折之后，才能真正提高一个人的经受风雨和抵抗挫折的能力，无论是有意识的训练还是真实的实践都是如此。

科学领域的事实最能够证明这个道理。科学家都是在一次次失败的实验基础上，最终一步步走向成功的，没有前面的挫折就没有以后的成功，这样的例子数不胜数。要认识到每个人的一生难免会遭遇到许许多多的挫折，没有经历过挫折和失败的人生本身就是一种残缺。如果惧怕经历挫折的考验，就绝对锻造不出高尚的人格。“生于忧患，死于安乐”，很浅显的道理，却需要用心去体会，用行动来实践。

在一座寺中有一个小和尚，每天清晨，他都要去担水、扫地，做完早课要去寺后的市镇上购买寺里一天所需的日常用品。回来后，还要干一些杂活，晚上还要读经到深夜。

有一天，小和尚稍有闲暇，便和其他小和尚在一起聊天，发现别人过得都很清闲，只有他一人整天在忙忙碌碌。他发现，虽然别的小和尚偶尔也会被分派下山购物，但他们去的是山前的市镇，路途平坦距离也近，买的东西也大多是些比较轻便的。而10年来方丈一直让他去寺后的市镇，要翻越两座山，道路崎岖难行，回来时肩上自然还多了很重的物品。于是，小和尚带着诸多不解去找方丈，问："为什么别人都比我自在呢？没有人强迫他们干活读经，而我却要干个不停呢？"方丈微笑不语。

第二天中午，当小和尚扛着一袋小米从后山走来时，发现方丈正站在寺的后门旁等着他。方丈把他带到寺的前门，坐在那里闭目不语，小和尚不明所以，侍立在一旁。日已偏西，前面山路上出现了几个小和尚的身影，当他们看到方丈时，一下愣住了。方丈睁开眼睛，问那几个小和尚：“我一大早让你们去买盐，路这么近，又这么平坦，怎么回来得这么晚呢？”

几个小和尚面面相觑，说：“方丈，我们说说笑笑，看看风景，就到这个时候了。10年了，每天都是这样的啊！”方丈又问身旁侍立的小和尚：“寺后的市镇那么远，翻山越岭，山路崎岖，你又扛了那么重的东西，为什么回来得还要早些呢？”小和尚说：“我每天在路上都想着早去早回，由于肩上的东西重，我才更小心去走，所以反而走得稳走得快。10年了，我已养成了习惯，心里只有目标，没有道路了！”

方丈闻言大笑，说：“道路平坦了，心反而不在目标上了。只有在坎坷的路上行走，才能磨炼一个人的心志啊！”

道路曲折坎坷并不是通向目标最大的障碍，一个人的心志才是成败的关键。只要心中的灯火不曾熄灭，再崎岖的道路，也会变成我们通往成功之路的阶梯。有人将坎坷比作磨砺青春与生命之刀的砺石，是我们求之不得的宝贵财富。我却要把坎坷比作前进道路上迈向成功巅峰的台阶，只有不断地经受坎坷与磨难的洗礼，我们才能最终摘取胜利的果实，才能最终品尝到胜利的喜悦。

只有没有勇气面对梦想的人才会害怕坎坷。只有真正有勇气为了梦想而拼搏的人，才会像高尔基笔下的那只海燕一样，暴风雨来的越猛烈，它的斗志就越发昂扬。在有勇气的人眼中，坎坷只是奋斗道路上的小小热身，是通往成功之路的最好攻略。经历的坎坷越多，积累的经验就越丰富，实力就越强，就越容易获得成功。明白了这个道理，我们就会在内心建立起对待坎坷的正确态度，在奋斗的道路上无往而不胜。

有了压力，才能稳住方向

都市生活充满了激烈竞争，自然我们也承受了很多压力，这些压力来自工作、学业、收入，也来自感情、婚姻、生活。于是，很多人开始抱怨，生活压力实在太大了。在这种情况下，很多人无法承受压力，以致情绪低落、心理焦虑，甚至有人感到几近窒息。可是，并不是所有人都被压力压垮，也有一些人能够在压力之下活得轻松自在。

我们不禁要问，为什么这些人能够轻松地面对压力呢？

难道他们有什么异于常人的智慧？

其实，这些人如你我一样，都是普普通通的人。只不过，他们能够勇敢地面对压力，善于把压力置于自己的背后，让其成为一种推动力，迫使自己不断前进。压力无处不在，过多的压力会让人喘不过气来，但是如果生活没有任何压力，就会像空舱的船只一样。

某音乐学院教授授课很有特点，他在短短几周的授课时间里，给学生们布置的乐谱功课难度越来越大。而学生们每周都很难完成，他们只好硬着头皮，坚持练习，但对老师的安排很不理解，觉得这样下去怎么能学会音乐呢？对教授的教学方法也产生了怀疑。

终于有一天，当教授发难度更高的乐谱给学生时，一个学生忍不住提出了质疑。教授面对学生的质疑，微笑着从包里拿出最早的那份乐谱，并让这个学生弹奏一遍。奇怪的是，这个学生居然把这首曲子弹得美妙动人。学生们都不敢相信眼前发生的事是真的。教授又拿出第二周的乐谱让学生弹，学生仍然弹得不错。

学生们都疑惑地望着教授，不解其中的道理。

教授说，我不断提高乐谱的难度，是为了不让你们把自己最擅长的表现出来，因为那样，你们的练习会越来越轻松，在没有任何压力的情况下，水平很难获得提高。

可见，压力对于我们而言并不是坏事，我们不仅要勇于面对压力，而且要学会自我施压，比如在制订我们的目标时，一定要呈现一个从低到高的阶梯状分布，每完成一个目标，就要制订下一个更高的目标，只有如此，才能把我们的梦想分解为一个具体并且有可行性的奋斗过程。

有经验的船长都知道，遇到风浪时，空舱的船只是最危险的，因为太轻而容易被大浪打翻，而载满货物的船只在风浪中反倒要更稳更安全一些。其实，人生又何尝不是如此？人生没有了压力，生活就会失去了动力，失去了激情，只会让人庸俗不堪。而适当的压力，可以让人们避免懒散，提醒自己要向着目标一步一步地靠近，让生活变得更加充实精彩。在这个充满竞争的社会里，谁要是拒绝压力，谁就注定无法生存。

很多人喜欢轻松安逸的生活，殊不知安逸的生活就等于慢性自杀。它虽然没有艰难困苦，没有刀山火海，更没有任何压力，可是，它却可以逐渐地消磨你的意志，腐蚀你的心灵，甚至让你失去原本的理想。在毫无压力的生活下，人们逐渐主动放下了进取心，放下了实现自我的动力，而只是享受懒散的生活。一旦环境发生了变化，生活不再那么顺利，那么这样的人就会很容易被击垮。

有一位哲人说过："要想有所作为，要想过上更好的生活，就必须去面对一些常人所不能承受的压力，你得像古罗马的角斗士一样去勇敢地面对它，战胜它，这就是你必须走的第一步。"所以说，生活中最宝贵的东西不是安逸，而是适当的压力，大大小小的压力虽然可能让我们遭遇失败，可能会打击我们的自信心。但是它更是成功最好的动力。"

其实，我们并没有自己想象的脆弱，大多数的人能够承受的压力往往超过自己的预期。只要我们积极应对，人们的承受力将会是无限的。只要我们能够用积极的态度和行动去应对压力，就可以发掘出我们潜在的能力，让人生变得更加美好。

因此，压力不是什么大不了的事情，关键是我们如何看待。在压力面前，勇敢地去面对，并能把压力化作动力，在压力的不断鞭策下，迫使自己不断前进，压力就成为了成功的催化剂。我们要想在人生的竞争中取胜，在工作的方方面面做到精益求精，就必须学会与压力共存，化压力为前进的动力。

从这个意义上说，我们需要好好感激压力。因为压力让我们的人生变得更精彩，让我们本身变得更有活力。不要做一个懦弱者，更不要做一个逃避者，微笑着面对生活的压力，我们就会变得更加强大，我们的人生大船才能行得更稳。

第四章

危机：生于忧患，死于安乐

“生于忧患，死于安乐”这句话人们听了两千多年，却依然有那么一部分人丝毫没有危机意识。要知道，一个毫无危机感不会主动给自己施压的人，不可能拥有奋发向上和积极求变的动力。竞争和淘汰是这个世界永恒不变的旋律，每一个人都要学会在荆棘遍布的社会和职场中寻求到适合自己发展的道路。

细节决定成败

“泰山不拒细壤，故能成其高；江河不择细流，故能就其深。”细土慢慢累积才形成了泰山的高大雄伟，小小细流合并才形成了江河的波澜壮阔。对于我们的人生而言，每件大事都是由小事组成的，任何事情细节的纰漏都可能造成重大损失，甚至全盘皆输。所以，不要小看任何一个细节。

正所谓“天下无易事，需要细心人”，没有一件事是简单的，任何细微的东西都有可能成为决定成败的关键。

比如，流水线上一个环节的小小失误就会导致劣质产品的出现；文案中一个小小的数字就可能会导致提案的失败。“失之毫厘，差之千里。”即使你对工作再热情，如果不认真细心的话，那么也终难以敲响成功的钟声。

2003年2月1日，美国“哥伦比亚”号航天飞机在发射后重返大气层时爆炸解体，飞机上7名宇航员全部遇难，举世震惊，美国宇航局负责航天飞机计划的主管官员因此而辞职。事后的事故调查结果表明：航天飞机发射升空81.7秒后，外部燃料箱表面脱落的一块泡沫材料，撞击到航天飞机左翼前缘的热保护系统，形成了裂孔。航天飞机重返大气层时，超高温气体从裂孔处进入“哥伦比亚”号机体，造成航天飞机解体。

我们如果总以草率的态度去对待工作，那么总有一天我们会为今天的大意而感到后悔的。

每个小的工作细节看似不起眼，但是，假如我们把台历上的过期贴纸及时撕掉，办公桌就会变得整洁；假如我们把电脑中的临时文件及时清除，电脑的运行速度就会加快。虽然我们的生活不那么完美，但是如果能够尽量做得完美，那么生活就会变得更加幸福，甚至得到意想不到的惊喜。

生活本就是由细节构成的，如果想要提高自己的工作效率，取得成绩，那么就应该审视一下自己是否具有“注重细节”的习惯，一个懂得从细微的角度看待世界的人，才能取得最终的成功。

一次，一个友人去拜访雕刻家米开朗琪罗，看到他正为一个雕像做最后修饰。

过了一段日子，友人再度去访，看见他仍在修饰那尊雕像。

友人不解地问：“我看你的工作没有一点进展，动作也太慢了，你应该加快你的速度。”

米开朗琪罗说：“我花了很多时间在整修雕像，例如，让他的眼睛更有神，肤色更圆润，某部分肌肉更显得有张力等。”

友人有些不解，说："这些都只是一些小细节啊，难道要花费这么多的时间吗！"

米开朗琪罗说："不错！这些都是小细节，不过当你把所有的小细节都处理妥当的时候，这个雕像就变得完美了！"

我们必须明白：注重细微的地方，才能创造出完美。完美是每个人都在追求的，但很少有人能得到，那是因为完美潜藏在一个个细节当中，只有把每个细节都做到了，才能雕刻出尽善尽美的雕像，这正是米开朗琪罗的雕塑总能呈现出不同寻常的完美气质的原因。

细节能打造未来。注重每个细节，不要因为一时的浮躁而抱怨，也不要因为暂时的枯燥而放弃，坚持下来，你才会取得最终的成功。如果想要登上珠穆朗玛峰，你登山前的每一项准备以及登山的每一步都很重要。

思想的宝藏，要用行动去发掘

我们知道，作家写作需要灵感，有了灵感之后才能创作出动听感人的文字，才能描写出一个个传奇的故事。可灵感并非凭空产生，需要激发才能迸发出来，而激发它的就是我们的行动。

一位作家野心勃勃，想要写出伟大的作品。可经过长时间的努力和坚持，他并没有写出任何使人满意的作品。他把自己的不成功归罪于没有灵感，“写作是一项需要灵感的工作，有了灵感，我才能文思泉涌，才能写出像样的东西”。

接着，他又哀怨地说：“我真是太不幸了！虽然我苦思冥想，可就是没有灵感，时常脑袋里一片空白。即便有了些许灵感，也是稍纵即逝。如此一来，我即便有再高的写作兴趣和热忱又能怎样呢？”

听了这位作家的话，另一位作家却不以为然，他说：“你是在用‘精神力量’来创作吗？显然这种方法是行不通的，更无法让你写出出色的作品。你得行动起来，用行动来激发自己的灵感！”

这位作家迷惑不解，说道：“怎样行动？没有灵感，行动了又有什么用？”

另一位作家笑着说：“很多时候，我们不能等到灵感来了才去写东西，更不能苦思冥想来‘逼’灵感出来。事实上，越是如此，越适得其反。我写作的秘诀是：先定下心坐好，手中拿一支铅笔，想到什么就写什么。尽量让自己的手和大脑活动起来，然后让自己心情放松，没过多久，灵感自然就来了，写起东西来自然文思泉涌了。”事实确实如此，这位作家事业非常成功，写了很多部畅销书，受到广大读者的欢迎。

同样是作家，一个失败了，另一个成功了，是什么原因呢？

相信很多人都看出来了，没错，就是因为失败的人总是被动地等待灵感，认为靠自己的苦思冥想就可以激发出灵感。而成功的人却让自己积极地行动起来，一边行动一边激发灵感，最后在动笔中创造了灵感。

灵感从何而来？灵感来源于生活，只要我们采取一些科学的方法便可以激发出创作的灵感。比如，到海边去走走，吹着海风、踏着海浪，没准就能激发出灵感，写出关于海的故事和文章；再如，像故事中的第二个作家那般，动手先勾勾画画，写写自己想写的话，便可以激发出灵感。

但不管采取什么样的行为，我们都必须行动起来，不能光靠脑袋去想。因为若是这样的话，恐怕想破脑袋也一无所获，还会把自己逼入墙角之中。

事实上，很多作家都是靠行动来激发灵感的，最好的作家是思想者也是行动者。就说海明威吧，他就是最典型的行动者。

海明威小时候非常喜欢空想，想很多事情却不愿意行动。为了教育小海明威，父亲给他讲了一个故事：

有一个人向一位思想家请教："你能够成为伟大的思想家，关键是靠什么？"

思想家回答说："多思多想！"

听思想家如此说，这个人好像恍然大悟，匆忙忙地就告辞了。回到家之后，这人躺在床上，望着天花板，一动不动。家人感到非常奇怪，便询问怎么回事，只听这人说："思想家说成功需要多思多想，我正在思考，不要打扰我。"

在接下来的时间里，这人每天都如此，躺在床上，望着天花板，除了吃饭之外什么事情都不做。家人非常担忧，便跑来找思想家，说："您快去看看我丈夫吧！自从他拜访您之后，每天都是一动不动的，就好像着了魔一样！"

思想家来到这人家中，发现他已经非常消瘦，精神萎靡。这人见思想家到来，便拼命地挣扎着爬起来，问："我每天都拼命地思考，除了吃饭之外不去做其他的事情。您觉得我离思想家还有多远？”

思想家郑重地问：“那这些天你都思考了什么？”

这人说：“我想了很多很多东西，脑袋都快要装不下了！”

思想家却摇了摇头，对他说：“可是我觉得你想的全部都是垃圾。”

“垃圾？”这人迷惑地问道。

思想家回答说：“没错，你只想却不行动，那么脑袋里只能生产思想垃圾。”

没错，只想不做创作不了任何有价值的东西，收获的也只能是思想的垃圾。明白了这个道理之后，海明威不再喜欢空想，而是把想法付诸行动。后来，他爱上了写作，把自己当作小说的主人公，进行本色创作。他一生行万里路，足迹踏遍了亚、非、欧、美各洲，而这些地方都成为他创作故事的背景，所以他的文字真实、动人，富有感染力。

比如，他曾经跟随一只狩猎队来到非洲，这里的见闻和印象激发了他的灵感，让他创作了《非洲的青山》《乞力马扎罗山的雪》；他以战地记者的身份去过西班牙内战前线，还参加了解放巴黎的战斗，而这些亲身经历则激发他创作了《丧钟为谁而鸣》这部长篇小说……

后来海明威还说："没有行动，我有时感觉十分痛苦，简直痛不欲生。"正因为如此，阅读他的作品我们发现里面的人物从来不会说"我痛苦"、"我失望"之类的话，而只是说"喝酒去""钓鱼去"吧。

可以说，是行动激发了海明威的灵感，开启了他思想的宝藏。而在实实在在的行动下，他取得了巨大的成功。试想，若是海明威依旧如小时候那般，认为灵感可以凭借冥思苦想被激发出来，并且等待有了灵感才去创作，那么，恐怕就不会有《老人与海》，他更不会成为影响美国甚至世界几代人的伟大作家。

思想只是一种潜在的力量，是有待于开发的宝藏，而只有行动才是开启力量和财富之门的钥匙。不管是创作还是做任何事情，我们完全可以先行动起来，行动创造灵感。只要我们行动起来，那么灵感自然就来临了，思想自然就丰富起来，解决问题的方法自然就想到了，而这远比空想和等待好得多！

想到就要做到，别给生命留遗憾

“蜀之鄙有二僧”的故事非常简单，讲的是两个和尚想要去南海的故事。虽然如此，这个故事却寓意深刻，旨在告诫我们：只要肯做，困难的事情就会变得异常容易；如果不做的话，那么容易的事情也会变得困难起来。同时，若是不能做到想做就做，犹犹豫豫，瞻前顾后，那么只能让自己生活在后悔和遗憾之中。

我们先来熟悉一下这个故事吧！

很久之前，在四川的边境有两个和尚，其中一个很贫穷，另一个很富有。

一天，穷和尚对富和尚说：“我想到南海去，你看怎么样？”

富和尚吃惊地说：“南海距离此地非常遥远，你凭借什么前往呢？”

穷和尚说：“只要有一个水瓶、一个饭钵就足够了。”

富和尚更加震惊了，他不可置信地问道：“很多年前我就想去南海，买一艘船沿着长江顺流而下，可直到今天我仍没有做到。你就凭这些东西去南海？这怎么可能？你不要痴人说梦了！”

可穷和尚并不在乎这些，拿着一个水瓶、一个饭钵就出发了。第二年，富和尚又见到了穷和尚，问道：“你去南海了吗？”穷和尚说：“我刚刚从南海回来。”

富和尚听了这话，露出惭愧的神色。

四川距离南海，不知道有几千里远，富和尚和穷和尚都想去，可只有穷和尚到达了。这说明一个简单的道理，光说不动是达不到目的的。不管你是贫穷还是富有，不管你是聪明还是愚笨，想做就去做，大胆地开始行动，才会产生结果。

事实上，生活中有很多富和尚那样的人，却很少有像穷和尚那样的人。很多时候我们心动了，想要去做喜欢的事情，比如说旅行、换工作、追求某个女孩子，可始终顾虑重重，担心不成功，顾虑没有钱，所以迟迟没有行动，最终只能在生命中留下一个又一个遗憾。

有一位阿姨曾讲述自己的经历。大学的时候，她时常对同学说：“我好想去旅行啊！即便是到邻近的城市，来一次说走就走的旅行，也可以潇洒快乐一番啊！可是我现在没有钱，等到毕业找到工作之后再说吧！到那时，我一定要玩个痛快！”

终于毕业了，她找到一份不错的工作。她时常对同事们说：“我好想去旅行啊！一个人到处去走走，这一定非常惬意！可是，我现在刚开始上班，不能随便请假，还是等工作稳定之后再说吧！”

又过了几年，工作步入了正轨。她也开始忙着找男朋友、结婚、生孩子，她时常和丈夫说：“我好想去旅行啊！生活压力太大了，我想一个人放松放松心情，可是现在孩子这么小，我根本走不开，还是等以后再说吧！”

一晃眼，她已经40多岁了，生活越来越美满，孩子也逐渐长大。按理说，她可以安心地去旅行了吧，可是她却对旁人说：“我好想去旅行啊！可是丈夫每天忙于工作，孩子也离不开我，我实在不放心他们两人在家，还是等到退休之后再说吧！”

终于等到退休了，她有大把大把的时间，孩子也成家立业了，她终于可以去旅行了。可是由于长时间的劳累，这位阿姨的身体变得非常不好，结果想旅游却去不了了。最后她只能说：“我一直想去旅行，可是始终没有去成，这可以说是我人生的一个大遗憾！要是能够重来一次的话，我肯定不想那么多，来一次说走就走的旅行！”

旅行真的那么难吗？其实并不是。这位阿姨心心念念着去旅行，可却总是被各种无奈的事情所牵绊，做不了自己喜欢的事情。

然而，生活真的那么多牵绊吗？事实上，牵绊她的不是那些事情，而是她自己的内心。只要她没有那么多顾虑，想做就做，自然就不会有之后的结果。即便上学时没有钱，她也可以选择穷游，一边打工一边把美好的景色看遍；即便工作忙没时间，也可以趁着节假日到周边走走，只要肯迈出脚步、放松心情，自然可以经历美好。

很多时候，我们的想法没有实现，想做的事情没有做成，并非是因为我们没有能力，也不是因为金钱、时间的问题，而是我们没有想做就马上去做的魄力和行动力。正所谓“空想是失败的源头，行动是成功的开始”。这是一个简单的道理，而事实也证明，那些被羡慕的成功者总是有说干就干的勇气和魄力，因为他们比任何人都明白，做好任何一件小事都需要行动和坚持，更需要努力；他们比每一个人更明白，行动不一定成功，但是仅仅空想而不行动，是绝对不可能成功的，我们应该趁着岁月正好，勇敢地做自己想做的事情。

所以，想做就大胆地去做，做自己喜欢的事情，做自己想做的事情。哪怕这是一种执念，哪怕只是为了圆儿时的一个梦想，也要立即行动起来。这样一来，我们的生活才能多一些精彩，少一些遗憾。

可怕的不是失败，而是纵容失败

奥格·曼狄诺在《世界上最伟大的推销员》这本书中写下过这样一段话："当你认识到做错了事，走错了路，应该做的是及时地改正错误，调整方向，而不是为错误而不断地懊悔。因为，过去的已经过去，你再也无法重新设计。而后悔，又会让你失去现在的机会。牛奶既然已经打翻，就不要再为它哭泣。"

失败是每个人都会遇到的经历，特别是年轻人，失败会像沙滩里的石子一样多。我们一定要学会承受失败，处理失败，既不能对过去的失败一直耿耿于怀，走不出来，更不能因为打击而默许了失败的现状，故步自封，放弃抵抗。

大家都玩过益智类的闯关游戏吧？如果第一次通过关口时你失误了，那么下次你便会注意，纠正自己的错误，这样才会顺利通过。但是，如果你通过关口失误时，除了耿耿于怀、深深自责之外不采取任何纠正措施，你怎么会通关呢？

大学毕业的日子就要来临了，在其他同学都在忙碌着找工作的时候，张帆却打算自己创业。在上学期间，他曾经给一家私立大学做过代理招生，过程中他突然萌生了一个念头，那就是办一个培训班。于是，在实习期间，他东挪西借凑了几万块钱，终于把培训班办了起来。

几年后，虽然培训班依旧运营着，但他不仅没赚到钱，还把当初的本钱都赔了进去。

这一次的创业失败给了张帆迎头一击，他深深地自责，怪自己疏忽大意，怪自己没有远见，一个多月的时间他一直沉浸在伤痛中。那段日子，他整天闷闷不乐，有时候就一个人喝闷酒，神情恍惚，根本没有心思重新发展自己的事业。

一天，张帆在街上闲逛，突然遇到了自己大

学时的老师。张帆把自己这几年的事全告诉了老师，老师想了想，真诚地对他说："事情都过去了，你现在后悔有什么用呢？这只能让你心情越拉越糟，意志越来越消沉。你要试着接受失败，从这些失败中吸取经验和教训。你还年轻，完全可以重新开始。"

听到老师的一番话，张帆感觉自己不再彷徨了。很快，他就振作了起来，充满激情地投入到了自己的事业中。

没有人能保证从不失误，没有人可以永远一帆风顺，也许你曾经失误，也许你犯下过不可原谅的错误，但是，人生的路还长，只要你抬起头，一切向前看，与过去说再见，那个全新的自己一定会走向成功。

无论在生活还是在工作中，我们每个人都难免会遇到各种各样的困难。关键的是我们面对困难时所选择的态度。有的人选择了逃避，有的人选择了积极面对，而不同的选择注定了截然不同的结果。

例如在工作过程中，总有那么一些遇到困难之后喜欢找借口互相推诿的人，他们这么做，是企图减轻自己的工作压力。但是这种自私的做法会严重影响到整个团队，进而影响到公司的战斗力和经营业绩。我们不妨试想，如果整个团队成员都学会了找借口，那这个公司整体的工作效率又怎么提高呢？

很多时候，我们会说：“我放弃了，因为遇到了无法克服的难题……”也许这个理由听上去冠冕堂皇，并且这样振振有词的人大有人在，所以很多时候我们似乎已经习惯了这个借口。一旦遇到困难，首先想到的就是找借口推脱，推卸自己的责任。要知道这是成功道路上的最大敌人，如果抱着这样的态度去对待奋斗道路上的难题，那么成功对你来说，永远都是遥遥无期。

在一个没有勇气面对困难的失败者眼里，一切事情都是有风险的，都存在着困难。但是我们一定要知道，一个人一生中如果纵容自己沉湎于失败的阴影，其实就等于丧失了一切潜在的机遇。如果你能够勇敢地迎接挑战，并且通过自己的努力克服了困难，就会更加有成就感。其实我们心里都明白，困难像弹簧，你弱它就强。事情往往就是这样，如果你勇于面对，克服困难，把工作完成后，你就会发现，事情并没有原先想象中的那么困难。

每个人的一生中，总会遇到一些艰难险阻。通往成功的道路上，风险几乎无处不在，困难也比比皆是。当一个人企图利用逃避去躲避内心的危机感之时，正是一个人走入危险境地的开始。我们要想生活在一个没有任何困难、风险的世界，那只能是一个无法实现的幻想。

生活中有许多沉湎失败纵容失败的人，他们常常会纠缠在过去的失败中，“一朝被蛇咬，十年怕井绳”。无法再重新定位，调整自己，无法逾越心中的那道鸿沟，不能超越自己的人永远也不会有所超越。

要知道，过去只是一种经历，任何时候都不能因为过去的种种而放弃前进的路。当面对失败时，最好的处理方法就是把其中的经验找出来，其他所有的负担、自责都要一并丢掉，把经验保存下来，然后一切清零，重新开始。

要感谢那些挑剔你的人

我们每个人在生活中都会遇到一些对自己挑剔的人，这个人或许是朋友，或许是对手。他的话说出来总是让你有点别扭，似乎根本看不到你的优点与付出，却能轻而易举地指出你的不足，让你心生懊恼。

对于这些人，你的态度会是怎样呢？愤怒、不屑，还是反驳？请不要这样做，因为能够指出你错误的人恰恰最应该感谢，因为他给你提供了一次可以改掉缺点，完善自我的宝贵机会。如果我们能做到感激挑剔自己的人，也许收益还不止如此。

日本的“销售大王”原一平曾经说：“人一旦来到这个世界，就得对自己负责，每天努力地修行。如何使今天的我比昨天的我更进步，更充实，这是自己人生的责任中最紧的。”为此，他不断组织“原一平批评会”，以征求同事、家人和朋友们对自己的批评和意见。每一次批评会开下来，他都会大汗淋漓地经历一次灵魂的蜕变。这种蚕蜕般的生命净化与成长是痛苦的，也是快速有效的。

后来，原一平发现单凭次数有限的批评会已经无法满足自己了解和改造自我的需要，他渴望更挑剔、更深入、更广泛的批评。有一天，原一平灵机一动，决定花钱请征信所的人调查自己的缺点。他请了几个朋友和客户帮忙，借用他们的名义，雇用征信所的人来调查原一平。征信所的调查资料中，有挑剔，有赞美。原一平要的是如何改进，只有挑剔和批评才会督促他更上一层楼。

就是在这种严酷的自我要求和改造的进程中，原一平“每天进步一点点”，不断地丰满自己的人格、能力和智慧。慢慢地，挑剔和批评他的意见渐渐减少，最后几乎都没有了。当然，原来一无所有的穷小子原一平也成了亿万富豪，成为世人尊敬的成功榜样和幸福楷模。

其实，我们真正的敌人不是那些直接对你进行批评和攻击的人，而是那些看到你的错误和不足不但不直言不讳地指出，反而熟视无睹、不言不语的人，这才是可恶至极，阴险至极。但遗憾地是我们往往却把这类人当作真正的朋友，认为是所谓的“志同道合”。

那些挑剔我们的人，他的出发点有许多是希望你能更好。就算你真的可以确定他是不怀好意故意打击你，也要明白，有一个这样的人在你身边，你就是能够越来越好。他为了更有力地打击你，会不遗余力地寻找你的不足，而往往他找到的恰恰是你自己忽略的，或者是朋友碍于面子不好意思提醒你的。这样想来，是不是真的对自己有帮助呢？

日常生活工作中，我们每一个人都应该感谢那些挑剔自己、给自己压力的人，因为正是这些压力使自己有了奋发向上、积极求变的动力。如今的社会永远充满利益的斗争、欲望的角逐，这也是当今职场永恒不变的规律，每一个人都要学会的是如何在荆棘遍布的社会和职场中寻求到适合自己发展的康庄大道，并以坦然、淡定的心态去面对一切的苛刻及挑剔。

我们要相信，如果发现了不足和缺点，虚心接受并改正，不断地完善自己，这将会是你一生中宝贵的财富，其价值远远超过了对方批评你时直接的说话方式，或者说伤害到你的感受或自尊的程度，甚至可以修正你人生的走向，让你找到更加正确的人生之路。

如果想让自己不断进步，变得更加强大和优秀，不是让自己封闭在自我感觉良好的温室里，也不是让自己一帆风顺地走过每个路程，而是让自己在挫折中反省自己、认识自己、壮大自己。而别人的批评意见，对你来说不就是让你反省的最好途径吗？不用交学费，只是转动一下脑筋，让思维拐个弯，那么，那些不足、错误和缺点就会一览无余。

如果我们觉得身边那些挑剔的人让我们抓狂，那不妨让自己换一种角度，换一种思维方式，你会意识到是他们让你从迷途中醒悟，痛改前非；是他们让你重新认识自我，审视自我；是他们让你认真改正了自己的错误，完善了自己，强大自己，让自己变得更优秀。

人们都喜欢听表扬的、好听的话。但俗话说："良药苦口利于病，忠言逆耳利于行。"真正关心你、为你好的人，是在你最危难的时刻、最需要帮助的时刻伸出援助之手；在你最忘乎所以的时刻、在你最春风得意的时刻给你提出批评和警告。所谓休戚与共、患难之交，就是这样。

我们要学会感谢批评和指出我们缺点、不足的人，是他们让我们学会坚强、学会不断修正自己、不断完善和充实自己；他们无情的批评与指责，让我们成长进步更快。那些对我们苛刻又挑剔的人，无论是敌人还是朋友，都不要怨恨，因为是他们让我们看到自己的不足。一个人往往是在被批评和否定后才会去审视自己，重新看待自己、评估自己，也只有这样，才能让自己变得更加强大。

第五章

坚持：既然选择了远方，就只顾风雨兼程

正所谓“行是知之始，知是行之成”，有太多失败的原因不在于“不知”，而在于“不行”。很多时候，想的太多未必是好事，想一百遍，想得再清楚，也不如做一遍更有收获。我们不妨看看身边的成功者，哪一个不是想到做到、遇事果断的行动派？

坚持努力，直到成功

《羊皮卷》的作者奥格·曼狄诺写下过这样一段话：“我不是为了失败才来到这个世界上的，我的血管里流动的也不是失败的血液。我不是任人鞭打的羔羊，我是猛狮，我不想听失意者的哭泣、抱怨者的牢骚，这是羊群中的瘟疫，我不能被它传染。失败者的屠宰场不是我命运的归宿。生

命的奖赏远在旅途终点，而非起点附近。我不知道要走多少步才能达到目标。踏上第1000步的时候，仍然可能遭到失败，但成功就藏在拐角后面。”

其实大多数人在成功之前，都会遇到许多的失意和挫折，甚至是一次又一次的失败。如果你选择了放弃，无疑就是放弃了一个成功的机会，因为在大多数时候，成功之前的失败，往往距离成功只有一步之遥。自古以来，那些所谓成功的英雄，他们并不是比普通人更有运气，只是他们比普通人更加努力，更能坚持而已。

许多人都看过这样一幅漫画，说的是一个人去挖井，挖了很多口，每一口都是几乎快挖到水的时候放弃了，最终这个人确定这片地方是没有水的，便彻底放弃了。道理很简单，就是说做事情只有坚持到底，奇迹才会发生。虽然我们每个人都明白这个道理，但是现实生活中，真正能做到的却很少。很多时候我们在坚持不下去的时候都习惯于给自己找借口。正因为如此，这个世界上才有了那么多半途而废的梦想。其实许多人口中所说的“奇迹”以及“上天的眷顾”，都是持之以恒努力的结果，比如绳锯木断，比如水滴石穿，这些都并非奇迹，而是日复一日不懈努力的结果。

1948年，英国牛津大学曾经举办了一次“成功奥秘”讲座，邀请的主讲者是当时声誉已经登峰造极的英国首相丘吉尔。讲座当天，会场被挤得水泄不通。演讲一开始，全场便掌声雷动。然而，丘吉尔只说：“成功的秘诀有三个——”说到这里便是沉默，场下异常安静，人们纷纷做记录。“第一个，是决不放弃。”话语坚定有力、简练精当。人们在兴奋中静听下文的分析。丘吉尔接着用缓慢的语调说：“第二个，是决不、决不放弃！”全场更是一片寂静。“第三个，是决不、决不、决不放弃。”丘吉尔大声地说。经过好长时间的寂静后，会场响起了暴风雨般的掌声。

丘吉尔所说的第一个“决不放弃”，其实是在告诉大家：无论做什么事情都要坚持到底；第二个“决不、决不放弃”，是讲当你遇到困难想放弃的时候，要给自己信心，坚持下去；第三个“决不、决不、决不放弃”，是在告诉大家只有一直坚持下去，才能够获得成功。当然，这只是后来人对于演讲内容做出的解释。这场演讲，可以说是成功演讲史上的经典之作，也是丘吉尔给人们留下的最为精彩的演讲之一。

这个世界并不缺乏奇迹，缺乏的是不懈努力的精神。坚持不懈是人生难得的高贵品质，是人生取得成功的重要因素。在关键时刻只要你发扬“坚持”精神再加以“不懈”努力，相信自己的意志和能力，勇于接受挫折和恐吓的考验，不仅会获得丰厚的回赠，还会不断开发自己身上的潜能，甚至产生奇迹，最终获得成功。

那么，我们应该如何去增强自己坚持不懈的毅力呢？在遇到困难和挫折的时候，我们靠什么去支撑我们继续坚持下去的勇气呢？

首先，我们要放正心态，要明白实现梦想其实是一件寂寞的事业。生活本身是快乐的，我们要用快乐的心态迎接每一次挑战，用自信的力量突破每一道难关，同时也要认识到成功过程中充满艰辛、困惑和打击，所以你要执着，要坚强，更要甘于寂寞。现实社会的诱惑太多，选择太多，是否能够经得起考验，坚持自己的梦想，是能否取得最后胜利的关键所在。

其次，任何目标都要有长期坚持的思想准备。别相信一努力就进步、一奋斗就成功的神话。在现实竞争如此激烈的社会环境里想获得成功，你得先学会默默地做好自己的事，专注于某一点或某一方面，用阅历和经验的积累，去丰富自己的思想和知识，正如你羡慕别人在某些方面的特长，你可知道他们从小接受了这方面怎样系统的训练，克服了多少训练中的困难？“台上一分钟，台下十年功”正是讲的这个道理。

还有一点就是要努力拓展视野。奋斗过程中不要因为一些细节患得患失，一旦目标确定，就要全面地关注与此相关的领域，抓住时机充实这方面的相关知识，在大目标确定的情况下，剩下的就是行动和坚持。可能在实现过程中会出现方向的偏差和进度的缓慢，但无论如何也不要怀疑自己的能力，更不能随便否定自己，患得患失。

古人说：“行百里者半九十。”就是在强调坚持努力的重要性。任何梦想都需要坚持不懈的努力，不到最后成功的那一刻，就不能放松，从来都没有哪个人可以随随便便就能成功。而且，只要我们坚持自己的梦想，就一定能够产生源源不断的奋斗动力，不管什么行业，不管梦想大小，只要是能够坚持努力到最后的人，就一定能看到奇迹的发生，取得最终的成功。

坚强的意志，不会被所谓的“厄运”击垮

每个人都不可避免地会经历各种各样的的挫折，无论挫折大小，都会对我们的生活带来一定的影响。比如，个人情感方面所遭受的挫折，往往就让人难以承受；其他如事业失败、职务调整、经济损失等，所有的大大小小的挫折都会让人感到痛苦。但是痛苦之后，不同的选择就会导致不同的结果：有人调整好心态，找出造成挫折的原因，把失败的教训当作经验来汲取，结果实现了自己人生的跨越；有人不是客观地寻找造成挫折的深层次原因，而是一味地强调客观，怨天尤人，我行我素，结果在前行的道路上还会经受同样的挫折；也有人在挫折面前，彻底失去了前进的勇气和毅力，成了一个碌碌无为的人……

显而易见，把上面这些结果稍加罗列和分析，我们就可以知道哪种态度是正确的选择，当然是第一种。生活中的挫折既可使人超越自我、走向成熟，也可能使人萎靡不振、走向失败，关键在于你在所谓的“厄运”中怎样面对。

越王勾践为了向曾经打败了越国的吴王夫差报仇，身为一国之君，却让自己每天都睡在柴草上，每天尝一下苦胆的味道，以保持自己复仇的决心。最后他终于成功了，吞并了吴国，杀掉了吴王夫差，成为一代霸主。

勾践正是因为自己在苦难中顽强不屈，最终一雪前耻，取得了最后的成功。但是想必有不少人并不知道这个故事的前半部分，其实勾践的对手吴王夫差曾经也是一个“生于忧患”的典型。他的父亲被楚王杀死，为了报仇，他每天上朝的时候都命令士兵大声提醒自己：“夫差，你忘了杀父之仇了吗？”夫差于是大声回答：“虽死不忘！”后来果然击败楚国，称霸一方。只是成功之后，放松了警惕，忘记了自己其实仍然身处楚国和越国的夹缝之中，过起了安逸的生活。最终被勾践击败，身死国灭。

虽然吴王夫差经受住了被楚国打败的威胁，并且在苦难中汲取营养，最终取得成功，但却没有把握好取得成功之后的自己。他也许并没有真正理解苦难和成功的意义所在，苦难是考验，成功同样是对一个人的考验。有的人在失败中倒下，有的人却在成功中倒下，我们一定要明白这个道理，才能在自己实现梦想的路上正确对待苦难和成功，取得最终的辉煌。

苦难和成功，是人生不可缺少的内容，也是我们人生中两个不同的极端经历。要想真正看透人生，把握自己的生命，就必须学会正确对待我们人生中的苦难和成功。遭遇失败和苦难的时候，不应牢骚满腹，不要怨天尤人，而是要忍受考验，坚持努力，最后将逆境转化为顺境。而处于成功顺境的时候，同样也要保持头脑冷静，要明白不仅苦难是人生对我们的考验，成功其实也是，许多人经受住了苦难的考验，却在最后成功的时刻被冲昏了头脑，抱憾终身。在成功和幸运的时候，要不骄不躁，仍继续坚持努力，使成功得以长期持续。

那么，我们应该如何培养对待苦难和成功的正确态度呢？提到苦难，可能许多人都会产生恐惧的心理，但是我们每一个人面对苦难都要保持正确的心态，其实苦难是每个人在人生过程中必然要经历的。既然如此，就不能整天想着如何逃避苦难，没有人可以逃避得了。关于苦难，我们经常听到的一句话就是："苦难是人生最大的财富。"高尔基也说过："苦难是人生最好的大学。"在我们前行的道路上，是存在着这样那样的困难的。无论自己的生命旅程遇到怎样的困难，我们都要坦然接受，沉着面对。要知道，每一次苦难都是对我们人生的一次考验。只有经历过一次又一次苦难煎熬的人，才能达到自己生命光辉的山巅。

苦难是磨砺意志的磨刀石，它能把你的意志之剑磨得更加锋利；苦难是人生智慧的催熟剂，它能让你的智慧之果更早地成熟。如果苦难是一块巨石，你就把它踩在脚下，让它成为成功路上的垫脚石；如果苦难是一枚苦果，你就把它拿来下酒，让它成为快意人生的下酒菜！我们不希望有苦难，但也绝不惧怕苦难！我们不要把苦难武断地视为洪水猛兽，不要为自己现在的处境而怨天尤人。我们不能改变自己的出身，但是可以改变自己的命运。我们不能选择自己的家庭，但是能够选择自己的梦想。我们完全可以通过自己的努力来走出苦难，收获美好的明天。而我们向梦想努力进发的勇气，完全可以通过在苦难中的经历而激发出来。屠格涅夫说过一句话："你想成为幸福的人吗？但愿你首先学会吃得起苦。"

当然，从苦难中收获财富的前提是，这个人能够经受住苦难的考验，而不是最终被苦难打垮。古往今来，那些在各行各业取得成功的人，绝大部分都是经历过一番困苦的。天下没有免费的午餐，那些令人仰慕的声誉和值得骄傲的财富，不付出是不可能得到的。苦难变成财富是有条件的，这个条件就是，你已经成功战胜了苦难。只有在这个时候，苦难才是你值得骄傲的人生财富。

厄运和苦难可以毁灭一个人，更可以塑造一个人。许多成功者都是因为经历了一番困苦，才找到自己的人生真谛。要想达到自我实现的目的，就必须在苦难中学会如何勇敢和坚强。因为只有在经历过苦难之后，一个人才能够真正地实现自我，才能够达到更高层次的人生境界。

无论我们眼下是身处逆境，还是已经获得成功，都不要忘记保持正确的心态，不能因为苦难而丧失斗志，也不能因为成功而忘乎所以，失去了拼搏之心。正确的态度是把苦难和成功都当作人生的一种考验，无论是厄运还是顺境，我们都要学会从其中汲取营养，古人所说的“宠辱不惊”也许就是这样的人生境界。

方向在心中，不在别人的口中

生活中，我们随时都会遇到对手，让我们的生活面临巨大的压力和挑战。于是，在一次次你追我赶、你争我抢中大多数人内心平衡被打破。我们时常会遇到这样的事情：

当你获得升迁的时候，有人就会议论纷纷，“他算什么东西，要不是走后门凭什么升他的职”；当你获得成功的时候，有人则会用发酸的口气说，“就凭他也能成功，真是瞎猫碰上死耗子”；当你收获一段美好的感情时，可能会传出“秀恩爱，分得快”的恶意讽刺……

我们的生活中，总是无法避免别人的攻击和嘲讽，不免让人情绪急躁，大动肝火。于是有些人就会及时地反击，甚至会和别人争得面红耳赤，以眼还眼，以牙还牙。可是结果又会怎样呢？往往是，争辩换来的是越抹越黑，让别人的看法左右自己，到头来弄得两败俱伤。既然如此，我们不如对这些人的攻击微笑处之，用一颗平常心来化解这些敌意和攻击。正如心理专家海蓝博士说的：“最简单的生活，就是做真实的自己，而不要太在意别人的眼光。”

太过于在意别人，就会困住自己的步伐，无形中就会给自己增加更多的压力，背上沉重的包袱。人生在世，做自己喜欢的事情都嫌时间不够，为什么还要在意别人呢？我们不可能获得所有人的认同，如果只是在意别人的眼光，生活只能被别人左右。

没有人能够左右你的生活，除了你自己。别人的嘲讽也好，攻击也好，只是前进道路上无关紧要的东西。只要你坚持自己，不断提升自己，成功自然可以让他们闭上嘴巴。

小雨就职于一家准上市公司，两年多以来，由于工作出色，她得到了领导的器重。不久前，小雨从一名普通的会计升任为财会小组长，工资也上涨一大截。面对升职加薪这样的好事情，小雨心里自然是美滋滋的，上下班路上都哼着小曲。

然而，小雨的好心情很快便被周围的“敌人”给破坏了。原来，和她同一部门的一个老员工心里不平衡，觉得自己在公司工作快5年了，还没升职，凭什么这么好的机会让资历尚浅的小雨“捡”了。于是，对小雨的态度尖刻了起来，说话很不客气，有时还带着“刺”:“有些人爬得真快，也不想想是谁在给她垫着背”、“人家年轻人长得漂亮，随便抛一个媚眼，就能得到老板的宠爱，咱可比不了”……

听到这些，小雨自然明白对方所指，她很是

气愤，但是理智控制了情感。办公室就几个人，她也不想把关系搞得很僵，毕竟还要来往，而且自己也要发展和进步。于是，每当同事再对自己风言风语时，小雨都是嫣然一笑，继续埋头工作。

在理智的支配下，小雨顶着被别人否定和指责的压力，顶着空穴来风一般的造谣诽谤，她努力地完善自己，不断地提升业务技能，由于工作成绩越来越好，她又一次次得到了领导的表扬。时间久了，那位同事也觉得小雨的工作能力的确比自己高出不少，也不好意思再说什么了。

面对别人恶意的攻击，小雨不是不可以撕破脸皮，同样恶语相向，而是努力地克制情绪，让自己付之一笑，并不懈地努力提升自己，最终得到了众人的认可和尊重。

不得不说，小雨是聪明的，因为她知道别人的嘲笑和讽刺，不过是嫉妒心在作祟罢了。如果自己情绪失控，反唇相讥，反而会让事情变得越来越糟糕。一旦自己冷静下来，用淡然的态度来对待这些攻击的时候，别人任何的无理攻击和诽谤都会变得毫无用武之地。面对别人的攻击和嘲笑，最好的办法就是用实力证明自己。当你做到了真正的自己，取得了优秀的成绩，那么别人就无话可说了。

生活中，很多人非常在意别人的看法，往往因为别人的质疑而停歇了前进的脚步，因为别人的嘲笑而失去了信心，甚至有些人因为别人的指指点点而放弃了原本的梦想。可是，我们的生活并不是为别人过的，也不是给别人看的。为什么要让那些不相干的人来左右自己的生活呢？

生命是我们自己的，生活更是我们自己的。只要你愿意，你就可以过上自己想要的生活，只要你心中始终想着一个目标，没有人能够阻止你。别人的嘲笑、讥讽，不过是过眼云烟而已。不管做什么事情，我们都应该让自己满意，不妨把别人的攻击和嘲讽看成促进自己前进的动力。带着这样的认识，我们的内心会越来越强大，我们未来的路会越走越宽，生活也会越来越美好。

急功近利的人看不到未来

很多人都喜欢吃手擀面是因为它的筋道，面块在擀面杖的作用下经过反复碾压，最后被压成极薄的面饼，然后叠在一起一刀一刀切成小条，只有经过这个过程的手擀面才具有它独特的味道。无独有偶，古时候，铁匠在铸剑的时候会反复锤打烧红的铁块，经过锤炼的次数越多，最后打成的剑的弹性越好，越锋利结实。我们的人生其实也一样，没有一夜成名、一夜暴富，成功之路非常漫长，急功近利之人是难以得到真正的成功的。

急功近利之人多在追求眼前的利益，他们可能会在短期内达到自己的目标，做出一些成绩，但就长远来看，这些人太过于看重“眼前”，目光短浅终难成就大事，因为最短的路未必最快。

这一天，某一监狱里来了三个新的囚犯，他们的关押期限都是3年。

监狱长是一个好人，他看到新来的这三个囚犯都年纪轻轻，有些同情他们，便说：“你们三个有什么愿望吗？我可以满足你们一人一个愿望。”

先开口的是一个美国人，他是一个抢劫犯，他说：“给我1万美元，有钱就是万能的。”

监狱长爽快地答应了，让人拿来了1万美元，递给了这位美国人。

第二个犯人是一个俄罗斯人，他说："没有酒我一天也活不下去，我希望你可以给我20箱伏特加。"

监狱长想了想也同意了，给俄罗斯人搬来了20箱伏特加。

最后一个犯人是犹太人，他说："监狱长，如果你可以给我一部能随时与外界联系的电话，我将非常高兴。"

监狱长很想满足这个愿望，但是他想到在监狱里私自和外界联系，是会被加刑的，他为难地说："这个不行，你要其他的吧。"

犹太人摇摇头："监狱长，我就要一部电话，其他的我什么都不要。"

最后，监狱长答应偷偷地帮助他。

3年后，这三个囚犯刑满释放。

美国人因为在监狱里常常和人赌博，他的钱花光了，还常常遭人毒打，满身是伤；俄罗斯人喝酒过多，他得了肝硬化，被医生抬着出来了；犹太人则是面带微笑，看起来轻轻松松的样子。

犹太人走到监狱长面前说："谢谢你当初的帮助，是你让我在监狱里的这段时间依然能够很好地处理外边的事业。为了感谢你，现在我想满足你的一个心愿。”

监狱长笑笑说：“我不需要你的感谢，不过我倒是有一个愿望，那就是你以后好好做人，以后别来这种地方了。”

“谢谢，如果你不嫌弃的话，那请你接受我送你的劳斯莱斯吧。”犹太人一边说，一边朝监狱门口扬了扬手。

监狱长回过头去，看到一辆非常高贵的劳斯莱斯停在监狱门口，顿时他惊呆了。

1万美元、20箱伏特加是这两个囚犯的目标，但是当他们轻而易举就得到时他们已经迷失了自己，而犹太人的一部电话虽然什么价值都没有，但是他却用电话一直打理着外面的事业。这个故事告诉我们，有时急功近利只能让自己被暂时的满足而蒙蔽，只有拥有长远的打算，才会取得更大的利益。

俗话说，“放长线钓大鱼。”聪明的人从来不会把眼光放在眼前微小的利益上，只有细水长流才可以获得更大的利益，急功近利只能让你失去更多。生活中，我们可能常常会为了追求一个目标而变得精疲力竭，民间有一句话叫：“有命挣，没命花”，意思是有的人为了赚钱而不顾一切，结果什么都有了自己却因为太过于急功近利而丢了性命，再也没有享受的机会了。

家辉是一家公司的业务员，这天他的公司有一个很重要的会议，会议中的表现关乎他能否升职，所以不能迟到。

可是，事情太不巧了，家辉的闹钟竟然就在那天早晨坏掉了，他睁开眼时才发现离会议开始只有20分钟了，唯有乘出租车，才有可能赶得及参加会议。

站在马路边上，家辉好不容易才截到了一辆出租车，他匆匆忙忙上车后，便对司机说：“司机先生，我赶时间，拜托你走最短的路！快！”

司机并没有立即开车，而是回过头来问道：“先生，是走最短的路，还是走最快的路？”

家辉既着急又好奇地问：“最短的路不就是最快的路吗？司机先生，我真的很着急。”

司机耸了耸肩，说道，“当然不是，现在是繁忙时间，最短的路都会交通堵塞。你要是赶时间的话我建议你绕道走，虽然这样多走了一点路，但却是最快的方法。”

听了司机的建议，家辉选择走了最快的路。司机所言没差，途中他们看到有一条街道交通挤塞得水泄不通，那正是最短的路。

最后，虽然路程较远，但因为畅通无阻，家辉很快便到达公司，参加了会议，还升职当上了市场部经理。

无论是名还是利，都像我们吃饭一样，不能一顿就撑死。只有细水长流才会长远，把眼前的利益死死抱住而停步不前，以为得到了很大收获，结果很多机会就在你死守的时候悄悄溜走，到头来什么都没有。

常言道：“台上一分钟，台下十年功。”只有积累了满满的实力，才会取得更大的利益。一夜出名的明星不在少数，可是结果怎么样呢？如果没有真正的实力，总有一天也会被淘汰。日子是一天一天过的，那些“一口吃个胖子”的事儿是绝对不靠谱的。别让一时的利益蒙住了双眼，细水长流才会收获更多的成功。

一味迎合别人，只会迷失自己

“我已经做得够好了，为什么还有人有意见？”你的心中是不是常有这样的疑惑？其实别人对你有意见是很正常的事。“横看成岭侧成峰，远近高低各不同。”这是苏轼的《题西林壁》中的句子，意思是从不同的角度欣赏山，山便会展现出不同的姿态。世间任何事物都是这样，展现在不同人的眼中，经过不同的思维加工判断后，就会得到不同的评价。

我们不能期待所有人都说你好，假如所有人都说你好的话，那么其中一定有某些原因而被迫的人。回忆一下，当你的老板做出决定后，全公司的人表面上鼓掌欢迎，可是不是总有那么几个人持反对意见呢？就连《选举法》也不会要求候选人全票才可以当选。这说明，一个人做任何事都不会得到所有人的赞同，所以没有必要去强迫自己做到“最完美”。

有一位画家画了一幅自己认为很满意的作品，画完之后，他将画拿到市场上去展出。

画家在画旁放了一支笔，并向每一位前来观赏的人说："如果您认为此画有欠佳之笔，就在画中做记号标出。"

晚上，画家回到了家里，发现整个画面都涂满了记号，没有一笔一画不被指责。画家十分不快，对这次尝试深感失望。

第二天，画家决定换一种方法去试试，他摹了同样的一幅画拿到市场上去展出，要求观赏者将最为欣赏的妙笔都标上记号。

晚上，画家再取回画时，发现画面又涂满了记号，一切曾被指责的笔画，都被换上了赞美的标记。

画家不无感慨地说道："我现在发现了一个奥妙，那就是：不管干什么，我都无法能使全部的人满意。"

的确是这样，每个人都有着自己独立的思想，我们所做的不可能让所有人满意，即使自以为做到了完美，也会有人指出这样那样的错误，更何况世上没有至美的玉石，当然也不会有完美的人。

俄国哲学家车尔尼雪夫斯基说:“既然太阳上也有黑点，人世间的事情就更不可能没有缺陷。”“国学泰斗”季羡林也说:“人生在世，每个人都想争取一个完满的人生。然而，从古至今，百分之百完满的人生是根本不存在的。”

一根青葱有它独特的味道，一棵小草也有一份新绿，一片枯叶也可化作肥料，一粒细沙也可成为建造高楼的材料……任何事物都有自己独特的价值，都有值得欣赏的地方，所以我们没有必要为了别人而活，自我欣赏，并自信地生活下去，才能得到幸福。

我们在评价某个人或某件事的时候，通常都是从自己的角度出发。但是这个世界丰富多彩，人与人的想法、喜好、追求本就不一样，我们不可能做到让所有人都满意，我们也没有必要非得去让别人满意。

别人眼中的你，未必就是最真实的你。别人轻视你，并不代表你就是差劲、没本事；别人不认可你，也不意味你就毫无价值。如果你觉得自己的生活是美好的，那么就不要在意别人的想法；如果你认为自己是正确的，那么也不要因为别人的指指点点而改变。我们只要做最好的自己，过自己最舒适、最喜欢的生活，那么现在的生活就是最幸福快乐的。

在意别人的想法，就会让我们对自己产生怀疑，从而陷入矛盾和混乱之中。坚持自己，也许我们的选择并不是最好的，也许我们的生活有些困难和挫折，那也是最真实的生活。我们无法让所有人满意，也没有必要让所有人满意，坚持做真正的自己，争取内心最想要的东西，这才是真正属于你的幸福生活。

第六章
潜能：没有压力，就没有动力

生活中总有这样一些人，尽管面对似乎不可能取胜的局面，却依然能够努力不停地前进。这些人在前进过程中不断积累能量，提升能力，最终取得突破；而另一些人却在挫折和困境面前倒了下去。能否顶住压力战胜自己，是成功者与失败者最大的区别，很多时候，压力其实就是动力，而困境恰恰意味着机遇。

所谓成功，就是不断挑战自我

每个人在成长的道路上，总是在不断地挑战自我，战胜自我，从而不断地提升自我。成长的过程就像爬台阶，每上一个台阶就会有新的挑战。在这个竞争激烈的社会中，一个人要想获得成功，除了打败那些竞争对手之外，更要不断地挑战自己。困惑是思考的动力，挫折更是走向成功的催化剂，没有磨难就不会获得荣耀，没有挫折就不会见证辉煌。

挑战别人是一种有目标的竞争，只要以别人作为目标，然后向着目标努力就可以了，但是，挑战别人只能让我们比别人做得更好，根本无法取得属于自己的成功。如果要想走出一条属于自己的成功大道，那就要挑战自己！有人说，新出生的婴儿一降生就会游泳，因为胎儿是生活在羊水中的，但是为什么还有这么多不会游泳的人呢？那是因为降生后的婴儿根本没有必要发挥游泳的实力，等长大了真的要入水游泳时，那能力已经退化了。

在大山深处的一个村寨里，住着一位以砍柴为生的樵夫。樵夫的房子很破败，为了拥有一所亮堂的房子，樵夫每天早起晚归。5年之后，他终于盖了一所比较满意的房子。

有一天，这个樵夫从集市上卖柴回家，发现自己的房子火光冲天。原来他的房子失火了，左邻右舍正在帮忙救火，但火借风势，越烧越旺。最后，大家终于无能为力，放弃了救火。

大火终于将樵夫的房子化为灰烬。在袅袅的

余烟中，樵夫手里拿了一根棍子，在废墟中仔细翻寻。围观的邻居以为他找的是藏在屋里的值钱物件，于是好奇地在一旁注视着他的举动。过了半晌，樵夫终于兴奋地叫着：“找到了！找到了！”

邻人纷纷向前一探究竟，只见樵夫手里捧着的是一把没有木把的斧头。樵夫大声地说：“只要斧头还在，我就可以再建造一个家。”

当一切已经化为灰烬，只要我们的梦想还在，激情还在，斗志还在，又有什么值得过度悲伤与气馁的呢？与其终日痛哭悔恨，不如放眼未来，从头再来。我们每个人都不会真正地输得精光，在无情的大火吞噬了我们的一切时，别忘了我们还有一把斧头。再退一步说，即使没有斧头，我们还有自己。

人都是有很大潜力的，如果只是任其自然不去挑战自己的话，那么能力也会慢慢退化，遇到困难就退缩，遇到挫折就逃避，那么通向成功的路只能越伸越远，你永远无法到达。

美国人希拉斯·菲尔德退休的时候已经积攒了一大笔钱，即使他不再工作，也足够过上富裕的日子。但是，他突然有了一个新想法，他要在大西洋的海底铺设一条连接欧洲和美国的电缆。

想法一出，他便全身心地开始推动这项事业，他首先做了一些前期基础性的工作：建造一条1000英里长，从纽约到纽芬兰圣约翰的电报线路。

但是，纽芬兰400英里长的电报线路要从人迹罕至的森林穿过，因此，如果要做这项工作就要建一条同样长的公路。此外，还包括穿越布雷顿全岛共440英里长的线路，再加上铺设跨越圣劳伦斯海峡的电缆，整个工程十分浩大。菲尔德使尽全身解数，总算从英国得到了资助。

得到资助后，菲尔德的铺设工作就开始了。电缆一头搁在停泊于塞巴斯托波尔港的英国旗舰“阿伽门农”号上，另一头放在美国海军新造的豪华护卫舰“尼亚加拉”号上。不过，就在电缆铺设到5英里的时候，突然被卷到了机器里面，机器一运转便把电缆弄断了。

菲尔德不甘心，进行了第二次试验。试验中，在铺好200英里长的时候，电缆中传输的电流突然中断了，船上的人们在甲板上焦急地踱来踱去，好像死神就要降临一样。就在菲尔德先生即将命令割断、放弃这次试验剪断电缆时，电流又神奇地出现了。

这天夜里，船以每小时4英里的速度缓缓航行，电缆的铺设也以每小时4英里的速度进行。这时，轮船突然发生了一次严重倾斜，制动闸紧急制动，可令人没想到的是，眼看就要成功的电缆线又被弄断了。

别以为这些能打败菲尔德，他再次购买了700英里的电缆，而且还聘请了一个专家，请他设计一台更好的机器，让两艘船对着从两岸出发开始分头铺设。之后，两艘军舰在大西洋上会合了，电缆也接上了头。随后，两艘船继续航行，一艘驶向爱尔兰，另一艘驶向纽芬兰，在此期间，又发生了许多次电缆割断和电流中断的情况，两艘船最后不得不返回爱尔兰海岸。

挫折不断地出现，几乎每个参与的人都有了放弃的想法，而且很多人对他也产生了怀疑，投资者也打算放弃投资。但是，菲尔德却没有放弃，他以百折不挠的精神和天才的说服力使这一项目继续进行下去。

新的尝试又开始了，这次总算一切顺利，全部电缆成功地铺设完毕而没有任何中断，几条消息也通过这条漫长的海底电缆发送了出去，一切似乎就要大功告成了，但就在举杯庆贺时，突然电流又中断了。

除了菲尔德和一两个朋友外，所有的人都绝望了，人们简直要抓狂了。但是，菲尔德始终抱有信心，他废寝忘食地研究，四方救助，终于找到了新的投资人，进行了新的尝试。当然，这次尝试终于成功了。菲尔德也凭借着他不畏挫折的精神，不断地战胜挫折，终于改写了历史。

在日常生活中，你常会看到这样一些人，尽管面对似乎不可能战胜的挫折，却都能努力设法不停地前进。这些人在前进的过程中，技术日渐提高，力量不断壮大，能力不断上升，最终取得突破；而另一些人却在诸如雪崩似的一系列变化面前倒了下去。挫折不会产生不可逾越的障碍，每一个困难都是一次挑战，每次挑战都是一次机遇，战胜困难就等于抓住了机遇。

成功者与失败者最大的区别就在于是否敢于挑战自己。挑战别人只能跟着别人的脚步前行，而挑战自己才是通向成功的唯一途径。

野心还是要有的，万一成功了呢

有句话说：“心有多大，舞台就有多大。”一个人的心胸和志向决定了一个人的发展空间。如果一个人有着远大的目标和志向，那么他必然会成为一个追求卓越的人，这种人也是最有可能成功的人。而那些安于现状容易满足的人，是不可能用更高的标准来激励自己的。拿破仑说过一句名言：“不想当元帅的士兵不是好士兵。”这是对所谓“野心”的最好说明。

在现实生活中，一个人的成功与否，往往与其内心渴望的大小和强烈程度有紧密关系。也就是说，一个人是平庸还是辉煌，是成功还是失败，很大程度上取决于他内心的渴望。内心渴望大且强，那么他获得成功、成就辉煌的可能性就越大；相反，内心渴望小却弱，那么他沦为失败者、平庸者的概率就会越大。

这里的内心渴望就是我们所说的野心。换句话说就是，一个人最终取得的人生高度，是平庸还是辉煌，很大程度上取决于“野心”的有无；一个人最终平庸与辉煌的程度，则取决于“野心”的大小。美国《时代》杂志加拿大版就曾经刊出这样一个消息：美国加利福尼亚大学的心理学家迪安·斯曼特研究发现，野心是人类行为的推动力，人类通过拥有野心，可以有力量攫取更多的资源。

仔细观察我们身边的人，你就会发现，条件相同、面对同样机遇的两个人，一个有很大的野心，另一个则胸无大志，那么他们的行为方式会有很大不同。野心大的人，会不断提升自己，千方百计地抓住眼前的机会，然后拼尽全力。但是胸无大志的人，则随性、懒惰，缺乏做事的激情，甚至恐惧做出改变。自然，这两个人的结果也是截然不同的。

所以说，缺乏野心是非常危险的事情。试想，若是一个人连想得到某个事物、想做成某件事的勇气都没有，又能做成什么事情呢？不要说成功，这样的人就连输的资格都没有。

他是一个出生于美国贫民窟的孩子，从小就过着艰难的生活，不得不跟随着母亲到处打工，学着养活自己。可正是这样的环境，让他磨炼了自己的意志，并且发誓一定要出人头地，摆脱这样苦难的生活。就这样，野心在这个孩子的内心中萌发，并且越来越强烈。

很快，这个孩子长大成人，一次他参加某个企业的招聘会，面试官按照惯例地询问："你来我们公司最想干些什么？"

他自信地回答："我最想做的，就是早日坐上你现在的位子。"

所有人都觉得他狂妄而不自知，面试官也哑然失笑。但是看到他认真的神情，便也开始相信他的信心、佩服他的勇气，最后决定录取他。进入这家公司后，他付出了全部的热情，只要接到任务就不顾一切地向前冲。很快，他在所有员工中脱颖而出，成为表现最出色的人。经过十几年的努力，他坐上了这家公司总经理的位置，使得该企业业绩一路飙升，成为业内的领军企业。他实现了自己的野心！

做人一定要有野心，野心就是目标，就是理想，就是梦想，就是行动的动力！野心就代表着大无畏、大奋斗、大前途。前面说过的"不想当元帅的士兵，就不是好士兵"的拿破仑这句话正是对"野心"最好的说明。同时，野心还可以激发你的信心和潜力，让你对未来的目标产生坚定感，让你知其难而拼尽全力为之。

英国著名作家培根有过这样一个绝妙的比喻："野心如同人体中的胆汁，是一种促人奋发行动的体液；而没有野心的武将，也就如同没有鞭策的马，是跑不快的。"这句话说得一点都没错。野心，从某种角度上来说就是一种心态，一种积极进取的心态，一种不甘命运摆布的心态。这种心态就是我们行动的力量，就是激发我们勇气的根本。

美国内战期间，芝加哥发生了一场非常大的火灾，斯泰特大街上很多商人的店铺都化为灰烬，遭受巨大的损失。面对这样的悲剧，很多人悲愤不已，可是他们也知道自己不能陷入长久的悲痛之中，因为自己必须考虑一个问题，那就是究竟是离开芝加哥，到更有前途的地方另起炉灶，还是选择留下来，在原址上进行重建。

结果绝大部分人选择离开，因为重建需要付出的代价实在太大了。然而，有一个人却做出了不一样的选择，他决定留下重建店铺，并且信誓旦旦地说："先生们，我是不会离开的。我要在这个地方建立世界上最大、生意最火爆的商店。不管再发生多少次火灾，我也不会动摇自己的想法！”

很多人都说他疯了，这里已经成为一片废墟，重建岂不是要花费更多的资金！可是凭借着这野心，这位商人竟然成功了！他的商店很快就建成，并且成为美国最出名的百货公司。直到今天，这座百货公司依旧生意兴隆，它就像一座纪念碑一样，象征着商人对于梦想的渴望和野心。

这个人就是马歇尔·菲尔德，他所创立的马歇尔百货公司，如今遍布全美，有700多家门店。

面对巨大的灾难，最容易的做法就是像其他商人一样，选择离开那里，另起炉灶。可马歇尔·菲尔德却比别人更具有野心，他渴望追求财富，渴望实现自己的梦想，自然这也激发出他必胜的信念和加倍的激情。正是因为如此，他才能在废墟上创造奇迹，成就了他几百亿资产的财富梦想。

野心，就是马歇尔·菲尔德与其他商人之间的不同，恰恰是这个不同造就了成功与失败，富有与贫穷。当然，仅仅有野心还是不够的，不管做什么事情，你的能力、才华、努力都得配得上你的野心。因为这个世界上最痛苦的事情就是能力、努力配不上自己的野心勃勃。

若是欲望太大，能力太小，我们就会陷入求而不得的痛苦之中。比如，金庸武侠小说《天龙八部》的慕容复，他野心勃勃，想要光复大燕王国的辉煌，结果能力不够、心胸狭隘，最终只落得疯癫的下场。现实生活也是如此，若是我们野心太大，能力太少，那么欲望就会成为伤害自己的利器，不仅一事无成，还会满身伤痕。

另外，若是野心太大，努力太小，我们就会陷入空谈之中。努力是获得成功的唯一途径，平时努力不够，习惯了懒散、懈怠，习惯了抱怨连连，就会陷入无尽的焦虑之中。所以，我们要有野心，并且静下心来努力，不断提升自己的能力，让自己的努力和能力都配得上自己的野心。如此一来，才能成就非凡的事业。

一鸣惊人，靠的也是实力

一鸣惊人是每个人都想要实现的梦想，但不是所有人都能做到的。因为这不仅需要你有良好的机会，还需要你有过硬的自身实力。著名科学家爱迪生曾经说："天才就是1% 的灵感加上99% 的汗水。"这句话意思很明确：很多时候机会是最重要的，若是没有强大的实力，那么就只能眼睁睁地看着机会从身边溜走。

可生活中很多人却有着片面的看法，他们错误地认为机遇才是最重要的，努力和付出并不是那么重要。于是，在这种错误思想的影响下，他们开始重思想，轻行动，甚至是不行动。

然而，不行动，想法怎么能实现？不勤学苦练，提升能力和实力，怎么能一鸣惊人？我们除了记住爱迪生的这句话，还应该记住另外一句话，那就是成功＝艰苦的劳动＋正确的方法＋少说空话。

迈克·帕伍艾鲁是一位出色的运动员，在大学二年级时选定了跳远运动，目标就是能够获得全美冠军。当时的全美冠军是卡尔·刘易斯，这位跳远老将已在冠军的领奖台上蝉联了65次。而当时迈克的成绩并不算好，最好成绩也不过是7.47米，与刘易斯相差甚远。

迈克·帕伍艾鲁知道，自己若是想要战胜刘易斯，拿到冠军的奖牌，自己就必须拼命练习。经过两年的刻苦训练，他终于取得了不错的成绩，能够和刘易斯站在一个赛场上一决高下了。虽然他全力以赴，爆发了积聚多年的能量，可还是没有能够成功，与刘易斯只差了1厘米。

这一次他遭受了重大打击，身心尽管已精疲力竭，但是此时的他心里念想的依旧是那个冠军。他没有认输，也没有想“若是再次失败，我将怎么办？”他相信失败并不是永远的，若是自己努力训练，就一定有成功的可能。可若是自己害怕失败，不敢承担放手一搏所带来的风险，那么恐怕连一点成功的机会都没有。

接下来的日子里，他以此为信念，更加刻苦地训练，终于再一次等到和刘易斯展开较量的机会。在东京国立竞技场里，刘易斯奋力一跳，跳出8.91米的好成绩，打破之前自己创下的世界纪录。一时间，全场观众欢呼雀跃，对刘易斯报以热烈的掌声。

刘易斯此时也倍觉自信十足，认为冠军的宝座又是自己的了。可帕伍艾鲁却没有想太多，一心想要跳出最好的成绩，发挥出自己最好的水平。他使出浑身力气，奋力一跳，竟跳出8.95米的好成绩，一举击破了刘易斯不败的神话，同时也打破了曾存在了23年没人击破的世界纪录。

帕伍艾鲁成功了，虽然他经历多次失败。而正是因为他从未想过放弃，一心刻苦训练，努力提升自己的实力，才终于实现自己的愿望。试想，若是他在最后一跳之前没有全力以赴去训练，还能创造如此的奇迹吗？答案显然是否定的。

在生活中，我们想要成功就应该苦练真本事，就好像下海捕鱼一样，渔夫只有练好观察鱼群动向的本领，结好结实稠密的渔网，才能打到更多的鱼，满载而归。如果不肯苦练本领，在结网的时候偷懒敷衍，然后不是抱怨风大就是埋怨鱼群狡猾，只能注定一无所获。

一鸣惊人只是少数人成就的神话，在其惊人成就的背后肯定不是安逸和懒惰，更不是空想和幻想，而是持之以恒的努力，坚持不懈的付出。凡是能够成就事业的人，都曾经付出默默的努力，不惜一切代价地苦练本领，提升实力。

很多喜欢音乐的人都喜欢小提琴家帕格尼尼，歌德评价他是“在琴弦上展现了火一样的灵魂”。他12岁就把《卡马尼奥拉》改编成变奏曲，登台演出之后一鸣惊人，轰动了音乐界和舆论界。

可要知道，这一鸣惊人的背后则是无数个日

夜的勤学苦练，是对于音乐的向往和执着。帕格尼尼的父亲是一名小商贩，没有接受过多少教育。不过，他却对音乐非常痴迷，尤其喜欢小提琴。在父亲的影响下，帕格尼尼也喜欢上了小提琴，并且希望成为一名出色的小提琴家。

7岁的时候，父亲为他聘请了一位在剧院拉小提琴的老师，帕格尼尼开始学习小提琴。在之后的日子里，他每天早上9点钟开始在家练习拉小提琴，一直到下午五六点钟才结束。这个年龄的孩子正喜欢玩耍，看着其他小朋友能够自由地玩耍，他也非常羡慕。可是他知道只有坚持练习，不断提升自己的水平，自己才能成就梦想。

就这样，帕格尼尼练就了娴熟的小提琴演奏技法，在年仅12岁时就一举成名。之后他依旧没有松懈，开始跟随不同的老师学习，包括当时最著名的小提琴家罗拉和指挥家帕埃尔。而每天他练琴的时间都不会少于12个小时，即便是功成名就之后也不例外。

他的勤奋不是一时的，而是伴随着整个人生。从喜欢上小提琴时到去世的50年里，他始终勤奋地练习，不断提高自己的能力和实力，最终成就了一生的传奇。1828年到1839年，帕格尼尼先后在维也纳、巴黎、伦敦、马赛、威尼斯举行演奏会，这些演出均产生了轰动的效果，奠定了他国际演奏大师的地位。

而当记者问帕格尼尼“您取得成功的秘诀是什么”时，帕格尼尼的回答只有一个字：“勤。”一个“勤”字虽然简单，但是蕴含的道理却非常深远，需要我们付出的则是更多更多。

所以，不管一个人是平凡还是卓越，只要能够让自己行动起来，勤奋不懒惰，全身心地投入自己想要做的事情，就能提升自身实力。如果你做到了这一点，那么便会朝着成功的方向迈进。很多时候，不妨逼自己一下，苦练实力，将来你肯定会感谢今天发奋的自己。

“做梦”最轻松，却只会让你虚度光阴

每个人都有无数次改变自己命运的机会，关键在于你是否抓住了机会。如果一个人总是想要改变命运，却没有抓紧时间行动，那么就会白白浪费时间，在不知不觉变老

的同时还会一无所获。

事实上，生活中那些失败者都有一个共同点，那就是尽管他们都渴望改变自己的命运，却懒惰得连自己应该做的事情都不愿意去做，连摆在眼前的机会都不愿意去抓住，就更别提什么主动去寻找机会、挑战困难了。他们脑袋里想着我要成功，我要改变自己的命运，说着我要做什么什么事情，我要如何如何做……可是这些似乎都只是想想而已、说说罢了。

最为可悲的是，直到最后他们都没有意识到自己为什么不成功，别人为什么能出人头地，一个个获得美好的生活，而自己却混得那么惨。

有这样两个20多岁的年轻人李志和赵成，一起从家乡来到繁华的大都市打工。两人在火车上相遇了，年龄相仿、志趣相投，谈得非常合得来。李志说："希望有一天，我能够闯出一片天地，成为地道的有钱人。"

赵成附和着说："我也是这样想的。家人希望我能够在家乡找个普通的工作，安安稳稳地过日子。可是我不想成为一个普通人，我想做出一番事业，让所有人刮目相看。”

李志踌躇地说：“可是我们做什么呢？这个城市这么大，我们又是初来乍到，能找到适合自己的工作吗？能够在这个城市里立脚吗？”

赵成安慰地说：“怎么会找不到工作！你看这里这么多公司，哪一个公司不需要招聘人手？就是从最简单的事情做起，只要肯努力，也可以有出头的机会！”接下来，两人便开始憧憬着美好的未来。

很快火车到站了，两人相约结伴而行，决定找一个地方吃饭。他们找到一家快餐店，店面虽然不大，生意却非常火爆，点餐台前排着长长的队伍。吃饭的时候，赵成灵机一动，说：“你看，快餐店的生意这么火爆，我们也可以做快餐生意啊！”

李志也觉得这个主意不错，说：“是的，现在快餐店生意很好做，一旦做起来的话，肯定能赚好多钱。”可他沉思了一会儿，接着说：“可是我们哪有那么多本钱啊？这又需要店面，又需要厨师，肯定需要很多钱吧！”

赵成说：“我们可以先从打工做起，慢慢地

学习经验和积累资金，相信用不了多长时间就可以开一家属于自己的快餐店。”李志一拍大腿说：“嗯，这是个不错的办法。我也打算做快餐生意了！”

两人分道扬镳后，赵成立即在一家快餐店找了一份工作，在这期间他努力工作，积极吸取经验，还时常向老板请教，如何能找到合适的门店，如何确定客户的口味等。一年之后，赵成用自己赚的钱买了一台快餐车，选择了一个写字楼林立的广场开始做自己的快餐生意。虽然每天非常辛苦，可是赵成却甘之如饴，因为他知道只有付出努力和辛苦，自己才能拥有一家真正的快餐店。

两年后，赵成赚够了足够的钱，快餐车也在附近打出名声。他又在周围找了不错的店铺，把所有的钱都投了进去，真正做起了快餐店老板。他执着而认真，确保食物的品质和卫生，确保价格公平又合理，所以生意非常火爆。

又两年后，赵成开了两家连锁店，可以说是事业小有成就。这一天，他走在半路上，听到一个人和自己打招呼：“赵成，好久不见。”只见一个非常落魄的人站在自己面前，面容消瘦、衣衫破旧，赵成看了好半天才认出这人就是当年和自己有一面之缘的李志。只是，李志为什么如此落魄？

寒暄过后，赵成不解地问："李志，你为什么会弄成这样？这些年你都做了什么事情？你的快餐店开起来了吗？"

李志不好意思地说："哪里有什么快餐店啊！这些年我一直在打工，可是始终找不到适合自己的工作。"

赵成问："你不是考虑开快餐店吗？为什么不找类似的工作？"

李志回答说："开始的时候，我确实找了一份这样的工作，可是这工作实在太苦了！我看附近咖啡店的工作轻松简单，便又想要开咖啡店，在一家咖啡店找了工作，可是有些客人实在太难缠了……"

从李志的话中赵成知道，他这几年换了十几种想法，也换了十几种工作，可是哪一种想法和工作都没有坚持太久。最后李志感慨地说："这几年来，我每时每刻都在考虑我究竟应该做什么呢？"

李志是不是非常可笑？确实如此。究其原因，就是因为他在做梦之中浪费掉人生的绝大部分时间。

千百年来，古人就一直告诫我们，从来没有天上掉馅饼的好事。梦想着坐享其成，不费一丝一毫的力量就改变自己的命运，只能害了自己。所以，不要只做着成功和发财的梦，却不愿意努力，或是遇到了一点点问题和挫折就放弃。这样一来，你只能消磨掉自己的大把时间，错过一次次机会。

所以我们每一个人都要明白：想要改变命运，你就应该付出努力，抓住眼前的机会。否则，到最后，成功的故事都是别人的，而你只是空做梦一场的失败者。

有目标，才会有方向

生活中总是有这样一些人，他们心中根本没有什么目标，还不知道自己该朝着哪个方向前进，便匆匆忙忙地出发了。结果，这些人只能一边摸索一边前进，延缓了成功的进度，或是在错误的道路上横冲直撞，付出了加倍的努力，却对成功没有任何帮助。

要知道，目标和行动都是我们成功的必要条件。在行动之前，若是已经确定了自己的目标，那么只要在之后的日子朝着这个方向行动，付出努力和时间就可以获得成功。相对来说，目标是非常重要的，当我们心中有了目标，对这个目标有一定的谋划，那么所有的努力都会变得事半功倍，让我们更容易到达成功的彼岸。可相反的是，若是我们没有目标，没有任何谋划和打算，那么同样的努力，结果却相差万里。

商业巨头麦考密克有一句名言："运气是设计的残余物质。"石油大王约翰·洛克菲勒对这句话做出了精确的解释："这句话是说运气是策划和策略的结果？还是指运气是策划之后剩余的东西呢？我的经验告诉我，这两种意义都存在，换句话说，我们创造自己的运气，我们任何行动都不可能把运气完全消除，运气是策划过程中难以摆脱的福音。"

洛克菲勒小时候生活非常贫寒，十几岁就不得不辍学，出来为别人打工。可是，他并不想庸庸碌碌地过这一生，所以立志要成为一位出色的商人，要拥有很多很多的财富。所以，他从19岁起就开始做小生意，比如倒卖谷物和肉类。

23岁的时候，他已经积累了一笔小财富，当他来到石油城的时候，认为炼油业有很大的发展空间，若是开一家炼油厂的话肯定能赚大钱。于是，他便与人合资开办了一家大炼油厂，经过几年的努力，他的炼油厂成为当时最火爆的工厂，业绩远远超过其他工厂。这是因为之前他做了充分的准备，详细的实地考察。

31岁的时候，洛克菲勒成立了标准石油公司，就在这时，他确定了自己的人生目标：我要让所有的炼油制桶业务都归于标准石油公司。为了这个目标，洛克菲勒夜以继日地工作，再加上他天生的经商头脑，不到10年时间，他就控制了全美国95%的炼油厂，而他的标准石油公司也成为美国乃至全世界最大的石油公司。

所以，洛克菲勒的成功与他的运气、努力、聪明，以及经商头脑有着很大的关系。更关键的是，他有明确的目标，并且善于谋划和打算。就像他自己所说的："我承认，就像人不能没有金钱一样，人不能没有运气。但是，一个人想要有所作为，就不能等待运气光顾。我的信条是我不靠天赐的运气活着，但我靠策划运气发达。我相信好的计划会左右运气，甚至在任何情况下，都能成功地影响运气。”

直到很多年之后，他教导自己的孩子时，依旧说：“人活着就应该有目标和野心，否则他就像是没有舵的船只，永远漂浮不定，只会达到失败、失望与丧气的海滩……财富与目标成正比例，我似乎从不缺少野心，从很小开始我就要成为最富有的人，这一直是我冲动着的抱负与梦想。”

洛克菲勒说得一点都没错，对于任何人来说，想要成就一番事业，达成自己心中所想，就必须有自己的目标。这目标会使你发挥全部的力量，会使你充满激情，更能指导你如何向着前方前进。

正如英国一句谚语所说的：“对一艘盲目航行的船来说，任何方向的风都是逆风。”没有明确的目标，小船就会迷失方向，从而永远也无法驶向目的地。人生亦是如此，没有明确的目标，我们就会迷失方向，要走很多弯路、错路。即便我们对自己有信心，有行动的勇气，也有聪明的头脑，恐怕也不容易得到成功。

所以，想要实现我们自己的心中所想，我们就应该明确方向，让目标为自己的行动指出正确的方向。另外一个成功的商人也善于谋划，他就是“九牧王”的创始人林聪颖。

在进行投资之前，林聪颖对市场进行了反复考察，看究竟什么项目有前途、有钱赚。经过一番调查，他认定服装是生活必需品，具有很大的发展空间和市场需求，于是他便把自己的目标锁定为服装业。

之后，他开始着手行动，东拼西凑筹集来了7万多元资金，租了一处500平方米的房子做厂房，准备好机器设备，并且请有经验的裁缝对工人们进行培训。果然经过一番努力之后，他的工厂业绩非常不错，其产品受到消费者的热烈欢迎。短短一年的时间，其销售额就达到20多万元。要知道，这个数目在20世纪八九十年代来说，可是一个不小的数目啊！

这更加坚定林颖聪在服装市场打拼的信心，之后，为了稳定市场，他决定进一步拓展业务。正当他思考业务发展方向之时，在一次偶然的聚会上，他发现一位朋友的西服裤子面料非常特别。

这种布料叫作“重磅麻纱王”，是一家台商纺织企业刚开发出来的。由于当时还没有广泛推广，市场上并不常见。

林聪颖想：这种面料的质量非常不错，在大陆市场还没有普及，若是我能够抢占先机，垄断这种面料，岂不是能赚取更大利润。想到此，他积极联系相关厂商，拿下这种面料的大陆独家代理权。紧接着，他对工厂的生产工艺进行提升、革新。

果然不出所料，这种面料的西裤一上市就受到消费者的喜欢，不到一年半的时间，销售额超过1亿元，创下了西裤销售的奇迹。之后，“九牧王”西裤在行业内遥遥领先，销售业绩一再创下纪录，而林聪颖也实现了自己的目标，成为服装业的成功者。

可以说，成功者从来都不是靠运气，他们靠的是自己对于人生的谋划——他们为了此时的成功，私下谋划和准备了无数个日夜。

所以，我们不妨记住洛克菲勒的这句话：“想要有成就，就要有刺激，伟大的目标使你发挥出全部的力量。失去刺激，也就等于失去了一股强大的力量推动你向前。”为自己的人生谋划，确定适合自己的目标吧！不管目标是大是小，这都对于你的人生有非常大的帮助。

第七章

惜时：你浪费的今天，是多少人奢望的明天

古人云："志士惜年，贤人惜日，圣人惜时。"要知道，时间每时每刻都在流逝，它并不在意你是在利用时间还是在虚度光阴，时间面前人人都是平等的，每一天的86400秒，都是过期作废的。所以那些成功人士，都是懂得珍惜时间的人。因此，我们的生命应该用秒来计算，在秒针的嘀嗒声中，我们时刻都必须思考自己是否在浪费自己的时间和生命，警醒自己抓紧时间去奋斗拼搏。

别把时间浪费在无意义的借口上

在生活和工作中，当你因为犯了错误而受到批评时，有没有给自己找过借口呢？

“因为路上人多堵车，所以我迟到了！”

“因为他的统计数据给我传晚了，所以我才没有按时完成报表！”

“因为客户对方案有奇怪的要求，所以这个方案始终没能通过。”

……

这一个个的理由你熟悉吗？是不是你都用到过呢？很多人在经历失败，或是遭遇批评和质疑的时候，总是会找各种借口告诉别人，他们害怕承担错误，担心被人嘲笑，或是想得到暂时的解脱。

可是，他也许不知道，借口是一剂鸦片，让你一次又一次地去品尝它，逐渐侵蚀你的心智，如果你有时间去为自己找借口，作解释，那么不如以你的行动来向别人证明。

有一对出身贫寒的兄弟，平日里靠拾废品为生。

一天，兄弟两人依然像从前那样，沿着一条熟悉的街道去捡废品。不过，这条偌大的道路，并没有什么大件的物品，有的也只是一些零散的小瓶子。

弟弟看到小瓶子，不屑一顾，说：“几个小瓶子能值多少钱啊？”他一脸的丧气，不愿意捡拾。哥哥却不嫌弃，他弯下腰一个个地拾了起来。走到了街尾，他差不多捡到了满满一口袋的瓶子。两个人继续往前走，兄弟俩人几乎同时发现了一家新开的收购店，店门口挂着一个大牌子，上面写道：高价回收各种旧瓶子。

哥哥拿着一口袋的瓶子换回了一大把的钞票，弟弟看在眼里却也无可奈何。店主问：“在来的路上，难道你一个瓶子都没看到吗？”

弟弟沮丧地说：“我看到了。可是那小瓶子很不起眼，我没想到一路上会有那么多，更没想到它们也能够换来这么多钱。等到我想要去捡的时候，瓶子都被哥哥捡光了。”

人生在世，不可能总是一帆风顺，总会遇到一些这样那样的失误，如果这时，你把时间浪费在无用的解释上，浪费在无用的借口上，那么你怎么会还有时间去找到正确的路？“胜败乃兵家常事”，哪怕你失误了，也没有必要去

找借口，因为你的行动会帮你证明一切。

闫丽是某杂志社新来的实习生，平时谦虚好学，热情开朗，很受同事们的喜欢。一天，她看到编辑主任正在看一本专业书籍，便笑着说："主任，您每天这么忙，还抓紧时间看书啊！真是太值得我们学习了！"

编辑主任笑了笑，说："不管什么时候，提升自己、努力学习都是必需的。不是有一句话'活到老、学到老'嘛！"

闫丽拼命地点头，说："没错没错。我也想看一些专业书籍，提高自己的写作水平和文学素养，然后成为一名出色的编辑。我的梦想就是成为一位出色的编辑。"

编辑主任向来喜欢有上进心、有理想和抱负的新人，看到闫丽如此说，感到非常高兴。然后对她说："我办公室和家里都有一些专业书籍，我已经看过了，可以借给你看看。而且我这里还有一些不错的杂志、文章，对于提高你的水平很有帮助，你有时间可以来办公室找我。"

闫丽痛快地答应了，并且对编辑主任连连道谢。可是，编辑主任在办公室等了闫丽好几天，都没有见到她的人，渐渐地就忘了这件事情。直到有一天，闫丽在编辑部的群里说话，说自己知道自己水平还不足，还有很多地方值得提高，希望大家能多教她一些写作计划与技巧。

编辑主任不禁好奇，忍不住问道："上次我说借给你书，让你到办公室来找我，你怎么没来呢？"

闫丽不好意思地说："我最近比较忙，怕没有时间看书，就没有打扰您。"

主任直接说："每个人每天有24个小时，哪怕一天抽出一个小时安静地读书，对于你也是很有帮助的。"

闫丽又说："下班后，我有时会去逛街，有时需要处理其他事情。而且上班这么累，就不愿意看书了。"

主任算是听出来了，闫丽虽然嘴上说想要提高自己，可内心里根本不愿意行动。于是，主任语重心长地说："其实，每个人的工作都很忙，空闲时间都不多。可时间要是挤的话，还是能挤出来的。你可以利用睡前的半个小时，或是午休的半个小时，多多学习、练习，更好地提升自己。要不然，你怎么能实现自己的理想呢？如何成为一位出色的编辑？”

闫丽还是继续说：“我知道实现理想不是简单的事情，可是很多时候我就是看不进书……”

总之，编辑主任每说一句话，她都能找到理由和借口。最后，主任也就随着她去了。

结果可想而知，闫丽根本不可能成为出色的编辑。虽然她梦想着、希望着，还总是向其他人请教提高的方法和技巧，可是始终没有付出努力和时间，又怎么能真的实现梦想呢？

要改变生活境遇，首先就要行动起来，这是最快最有效的方法。美国成功学家格兰特纳说过：“如果你有自己系鞋带的能力，你就有上天摘星的机会！”也就是说，如果我们有时间去找各种借口来报怨生活的话，还不如马上行动起来，人永远不要为自己的错误辩护，因为再美妙的借口也于事无补！

成功的人永远在寻找方法，失败的人永远在寻找借口！所以，当你想要解释什么的时候，看看表针，它在不停地飞转，如果你的语言过多的话，生命的时间便会随之减少，成功的机会也会越来越少。当你珍惜每一秒，用行动来代替解释的时候，就离成功不远了！

你和梦想之间，只差“行动”二字

在人生这条道路上，虽然我们不一定需要成大名、立大功，但是只有确定了目标，然后主动去追求，坚持不懈地沿着目标走下去，才能梦想成真。无论是谁，要想把梦想照进现实，就必须有足够的行动力，这二者是相辅相成的，缺一不可。正如百度创始人李彦宏所说：“个人想要成功，想要改变命运，有梦想是重要的……我觉得每个人都应该心中有梦，有胸怀祖国的大志向，找到自己的梦想，认准了就去做，不跟风不动摇，才会最终实现梦想。”

其实，追求梦想本身就是非常快乐和幸福的事情，所以那些不甘平凡的人，总是对梦想充满热爱和激情，确定方向之后便义无反顾地向着目标挺进。因为他们坚信，只要自己主动出击，去追求、去努力，早晚有成功的那一天。

一个男孩从小就不聪明，笨拙木讷，人们都嘲笑他，还给他取了一个外号“木头男孩”。很长一段时间内，男孩都生活在自卑之下，做事畏畏缩缩，不敢表现自己，也不敢与人交流。而在所有人看来，他一生恐怕都会如此平庸、笨拙。

可12岁时的一个梦却改变了这个笨拙的男孩，也让人们见识了梦想的力量。一天，男孩做了一个美梦，梦到有个国王给他颁奖，因为他的作品被诺贝尔看上了。男孩当然知道诺贝尔是谁，他不知道自己为什么做这样的梦，也不敢把这个梦告诉别人。因为他担心遭到别人的嘲笑。

最后，他还是忍不住把这个梦告诉妈妈，妈妈和蔼地说：“倘若这真是你的梦，那么将来你肯定会有出息！因为老人都说过这样一句话‘当上帝把一个不可能的梦，放在谁的心中时，就是真心想帮助谁完成的’。”

男孩这才明白：原来自己的梦竟然是上帝的希望！为了不辜负上帝的希望，他决定成为一名作家，并且真的爱上了写作。从那时起，他总是利用业余时间写些东西——有趣的事情、自己的感受等。他怀着梦想开始努力，并且时刻对自己说："如果我坚持下去，经受住考验，上帝会帮我实现梦想的。"

可是，他努力了一年又一年，写了一篇又一篇文章，上帝始终都没有到来。令所有人没有想到的是，希特勒却来了，并且把他送入了可怕的集中营。在那里，关押着无数像他一样的犹太人，每天都有大批大批的人失去生命。好在他顽强地活了下来，走出了恐怖的集中营。

虽然经历了劫难，可他依旧没有忘却自己的梦想，之后他开始新的生活，怀着"我又可以从事我梦想的职业了"的心情开始写作。终于，他创作出第一部小说《无命运的人生》，描写的是他在集中营的生活和经历。在之后的日子里，他始终坚持创作，追求自己的梦想，又写出多部中长篇小说，以及散文、日记。

就在他不再关心上帝是否会帮助他时，上帝真的光临了。2002年，瑞典皇家文学院宣布他获得了诺贝尔文学奖，他真的如梦中梦到的一样"被诺贝尔看上了"！而在谈及获奖感受时，他感慨地说："没有什么感受可言！我只知道，当你说，我就喜欢做这件事，不管有多困难，我都不在乎，我都会义无反顾地去做。这时，上帝就会抽出身来帮助你。”

他就是匈牙利作家凯尔泰斯·伊姆雷。

小时候笨拙木讷的伊姆雷能取得这样的成就，是因为他做了“被诺贝尔看中”的美梦之后，就开始积极主动地去追求、努力去实现这个梦。在这个过程中，他经历了挫折、磨难，甚至死的威胁，可却始终没有放弃梦想，不断践行着当初的想法和目标。就是因为如此，他的梦想真的照进了现实，让他的人生充满了传奇。

所以，敢行动，梦想才生动；积极主动，梦想才更真实；而不放弃，坚持不懈，梦想才能实现。很多时候，我们和梦想之间，就差一个积极的、彻底的行动。如果缺少了行动这个发动机，那么梦想即便再美好，也将难以实现。

或许有一段时间，我们会做与梦想无关的事情，或许会被迫中断梦想，但是只要我们从未想过放弃，只要时机一到，就立即付出自己的努力，为梦想付出所有的一切，那么我们的行动就会获得意想不到的回报。

说到此，我们不妨看看另一个关于梦想的故事：

中国山东单县的一个小村庄里，有一位地道的农民叫朱之文，四十来岁，平日的工作就是种地，农闲时节出门做个泥水匠，其实就是个侍候瓦匠的小工，一天挣个三四十块钱，与身边祖祖辈辈的淳朴农民没有什么分别。但是朱之文还是跟别人有一点不同，他喜欢唱歌，在田间地头，在小树林，在自家的宅院里，随心所欲地唱，对着镜子唱，对着家里的家禽唱，对着豢养的两只山羊唱，干着活也唱，用他自己的话说，就是喜欢唱歌，希望把歌唱好。为了这个内心深处的梦想，他丝毫不在意旁人异样的目光，自己买来磁带和书籍，用一台别人赠送的电子琴，日复一日地在家中练歌，一唱就是二十多年。为了增强气息，他甚至故意在大风天顶着风大声歌唱。时间久了，方圆几十里的村镇都知道了他这个绰号叫作“三大嘴”的唱歌好手。

2011年2月13日，朱之文参加《我是大明星》济宁赛区的海选，演唱《滚滚长江东逝水》和《驼铃》，震惊了主持人、评委和现场观众。3月4日，山东综艺频道《我是大明星》栏目播出的济宁赛区海选视频被推荐至各大门户网站，视频点击量超百万，成为了朱之文的成名视频。3月12日，一条名为“中国苏珊大叔——大衣哥”的视频在国外的社交媒体网络上也火了起来。朱之文对于歌唱的执着和投入终于得到了回报，得到了许多观众的喜爱和支持，并且登上了2012年的中央电视台春节晚会。

用一句显得俗气的话说：朱之文一夜爆红了。从一个在田间地头唱歌的农民到登上央视春晚，绝对是一个默默无闻到实现梦想的奇迹，那么，是什么创造了这个奇迹？其实，正是朱之文对于歌唱梦想的坚持和执着，让很多人看来不可能发生的事情变为了可能。同样，在我们投入热情去奋斗之前，我们必须明白，所有梦想都是具有挑战性的，都有成功和失败的可能性。如果你只看到“不可能”的那一面，不想面对任何困难，不想克服任何障碍，那么只有一条路可以选择，那就是放弃梦想，永远做个衣来伸手、饭来张口的“纨绔子弟”。相反，如果你内心坚信自己的梦想一定有可能实现，并且愿意付出最大的努力去实现它，那么，无论是挑战性，还是有可能会失败的可能性，都会被内心的激情所冲淡。

由此可见，在一个人的生命中，如果能够为了梦想而不懈努力，坚持行动，最终必然会抵达梦想的彼岸。不仅如此，不断努力追求梦想的过程会让我们的人生更充实，会让我们充满激情和力量。但若是不肯付出行动和努力，或是轻易放弃的话，那么梦想永远只是一个梦，永远也不会有实现的那一天。

罗伯·舒乐就说过这样的话："有了崇高的梦想，只要矢志不渝地追求，梦想就会成为现实，奋斗就会变成壮举，生命就会创造奇迹。"主动去为梦想付出吧，这一切最终会让我们收获到幸福的果实。

抓住了"黄金时间"，才会有"黄金效率"

生活中，我们的身边总有一些人，他们利用时间的效率特别高，谁也不知道他们是怎么办到的。比如，三天阅读完了一本书，而且工作还很忙；利用一个月的时间写成了一部小说……在旁人看来，这些都是令人不可思议的奇迹。

然而我们身边还有这样的一些人，他们在工作和生活中没有丝毫的时间意识，如一件5分钟可以搞定的事情硬是拖沓了半个小时才做完，这虽然看上去是小事情，但时间就这样如流水一般荒废了。要知道这流失的不是别的，而是自己的生命。

其实，时间对于每个人来说都是公平的，没有谁可以比别人多拥有哪怕一分一秒。在时间面前，人人平等。

有一次，著名演员阿东准备接受电视台的采访，一向守时的他提前赶到了电视台。可是，就在采访开始前的十几分钟，突然出了一个小小的插曲。按照惯例，在节目开始之前，被采访的嘉宾会提前和主持人接触一下，双方会进行简单的交流，大致聊一下采访的内容，借此消除紧张情绪，同时增进了解。可就在阿东和主持人要见面的时候，忽然停在了屋子的外面，表示先不进去，并且请人通知主持人稍等一下。

这一举动让现场的所有工作人员都有些蒙了：难道是哪个环节安排不周，得罪了这位大明星？或者，这是大明星在摆范儿？……就在大家胡乱猜想的时候，阿东推开门，满面春风地走了进来，非常优雅得体地和工作人员们打了招呼，然后微笑着和主持人一起坐了下来，双方开始了正式的交流。

刚一坐下来，阿东便开始向大家道歉："抱歉，耽误大家的时间了！"主持人没想到阿东这样的大明星竟然会如此谦虚诚恳，连忙说不介意。

"刚才我的状态不太好，情绪状态没有达到最好，我担心会影响到节目的效率和质量，所以我站在门外平静了一会儿，调节好了之后才进来，这样一来就耽误了一些时间，真是非常不好意思。"阿东微笑着解释道，"每个人的状态都有好的时候，也有不好的时候，当我状态不佳的时候，我会尽快躲在不太显眼的地方调节自己的情绪，这样就可以以更高的效率进行下一步的工作。"

"这短短几分钟的调节真的那么重要吗？"主持人非常好奇地问道。阿东微笑着回答道："其实就像你们做访谈节目，并不是滔滔不绝地说个不停就能达到最好的效果，要想达到最好的结果，就必须知道什么时候该说话和什么时候该说什么样的话；而在具体做某一件事情的时候也是如此，并不是忙忙碌碌累得团团乱转的人就能做得最好，而要学会找到自己的‘黄金时间’，运用自己的‘黄金效率’，这样才能用最少的精力做好最多的事情。简而言之一句话，效率比傻干更重要！”

那么，什么是黄金时间和黄金效率？黄金时间就是一个人一天中思维最活跃、记忆最牢固、思路最开阔的时间段。如果把最重要的工作内容放到黄金时段中执行，一定会比其他时间段更轻松、更有效率，因此也称为“黄金效率”。

聪明的人都非常注重时间的效率，他们会把事情考虑得相当周全，然后按照步骤一步一步地推进。当然每一个步骤他们都精心地计划好时间，让一切能够按照步骤有效地进行，从而达到最高的利用效率。

懂得提高利用时间效率的人，会很好地掌握自身的节奏，然后一点一点地去达成自己的计划。有些人可能一生都无法很好地安排自己的时间，但是有的人却把自己的人生规划得井井有条。当一件事情做完，下一件事情就会搬上日程，他们就这样一件一件地处理，一件一件地经营，把一切就这样办妥当了。

或许这时候你会感叹：打造这样的黄金效率不是一件容易的事情。这确实不是一件容易的事情，但只要你能够把一切想周全，把每一个步骤想清楚，做起事情来就会高效得多。

找到属于自己的黄金时间，最大限度地提升效率，不仅是一门技术，更是一门学问。

有人天天奔波到焦头烂额却无所建树，有人看似悠闲安逸却取得了让人羡慕的成就。前一种人很努力却也很悲哀，因为他们不懂得效率比傻干更重要的道理。我们不仅要坚持不懈地努力，更要懂得怎样去努力才能达到最佳的时间利用效率，只有如此，才能更快地品尝到成功的滋味。

任何一天都是不可忽视的

西方有句谚语：“罗马不是一天建起来的。”无论从事任何行业，要想获得成功，都必须经历一个累积的过程。再伟大的建筑，也需要一砖一瓦、一天一天地建造起来；再庞大的计划，也需要一步一步按部就班地去实现。

举例来说：一天的时间，对于一个梦想而言意味着什么？也许你会觉得微不足道，多一天少一天的时间对于实现梦想的过程来说无关痛痒，而梦想早一天或者晚一天实现也是件小事情，因此你随意地挥霍掉了一个又一个“一天”的时间。

然而，当你有一天意识到时光蹉跎的时候，就会发现，我们的生命其实就是由这些微不足道的一天又一天构成的。那些获得成功的人，他们的成就也正是由他们每一天的不懈努力和付出换来的。我们不经意间所浪费的每一天，其实就是我们通往成功的一级级阶梯。只有坚持一步一步向上攀登，才有可能爬得更高，否则的话，永远也抵达不了梦想的顶峰。

有这样一个让许多老师都头疼的孩子。初中毕业后，他的分数上不了任何一所高中。家人很无奈，就把他送到了当地一所私立学校。临走，家人找到校长，希望能帮孩子一把。

这位校长了解到孩子酷爱长跑，第二天早上，校长就出现在跑道上，并叫出那孩子的名字。孩子很是惊讶，从小到大，他还从没被哪个人如此关注过。他心里升起了一种很微妙的感动。

几个星期过去了。一次跑步时，校长对他说：

“孩子，我想给你提个小小的建议，如果一周之后你做到了，我就满足你一个愿望！——从今天开始，你能不能坚持坐在教室里？当然，只要不影响别人上课，你在教室里干什么都成。”

孩子很爽快地答应了。接下来的一星期里，孩子真的都坐在了教室里。不过，他基本上也没怎么听课。

第二个星期，校长说：“从今天开始，你是不是要开始写点儿东西了？你想写什么就写什么。”孩子想：就找一些自己喜欢的东西抄抄吧！

第三个星期，校长说：“从今天开始，你可以找自己喜欢的学科听一听，顺便记一下笔记，好吗？”孩子就照着做了。

到第四个星期的时候，校长说：“从今天开始，你试着去听听你不喜欢的课吧，其实有些东西也很有意思的。”

不知不觉中，孩子在一天天地变化着。唯一不变的，是他们每天早上的长跑。

终于到了满足孩子愿望的时候了。孩子此时已经知道，每天陪自己跑步的是校长。而且，他们一起跑步的情景让班里的同学很是羡慕。孩子就说想和校长照张相。校长说，这好办！不过我希望与你的第二张合影是你考上大学的时候！

三年过去了，出乎很多人意料，这个孩子竟然以优异的成绩考上了某重点大学体育系！

这个故事说明，无论曾经经历了怎样的失败，只要开始懂得把握每一天去努力拼搏，就一定能够迎来成功。成功的过程并不是一件轰轰烈烈的大事情，而是每天进步一点点的小事情。一个人只要确保自己今天比昨天有收获，确保明天比今天更有收获，那么成功就将属于他。

对于艺术家来说，“台上三分钟，台下十年功”；对于运动员来说，赛场上哪怕是零点一秒的成绩提高，也需要千百次的艰苦训练才能达成。成功从来都不是朝夕之间的事情。即便是一举成名的才子，也必然要经过十年寒窗的磨砺。想要成功的人，必然要遵守成功的法则去努力，那就是一步一步脚踏实地地努力拼搏，牢牢把握好每一天，积少成多，终究会抵达梦想的终点。

每个人实现梦想之前都必须有一个过程，那是一个没有赞美、没有快乐，只有压力和痛苦的阶段，只不过不同的人需要的时间不同而已。其实每种付出都有回报，成功和失败的距离有时就在于你能否坚持到最后一刻。

如果你付出了努力却一无所获，请不要忙着放弃，不妨试着等待精彩。向着成功努力拼搏的路上，我们要牢牢盯住三“天”，就是“昨天”“今天”“明天”。回顾昨天，是在回顾我们的付出和收获，看看自己有没有懈怠而虚度光阴；把握“今天”，是在提醒自己能够把握的只有今天，一定要把握好每一个“今天”，才算是抓住了通向成功的金钥匙；展望明天，则是对自己付出努力所得到回报的预期和对自己不懈奋斗的一种激励。其实成功的秘密就存在于这个简单的过程之中，每一天都努力奋斗，每一天都进步一点点，成功就是这么来的。

常言道：志士惜年，贤人惜日，圣人惜时。一个人的梦想越是远大，就越是珍惜时间。鲁迅说：“哪里有天才，我是把别人喝咖啡的功夫都用在了工作上的。”鲁迅总想在一定的时间内多做一些事情。他曾经说过：“节省时间，就等于延长一个人的生命。”获取成功的要点之一是每天都要有新的收获。

之所以要强调每一天的努力，是因为只有持续的进步才能让我们从众人之中脱颖而出，成为最终获取成功的那个人。要想做到这一点，我们就必须具备一种坚持的精神。荀子的《劝学》中，有这样一句话：“积土成山，风雨兴焉；

积水成渊，蛟龙生焉。”讲的就是长期坚持就会取得大成就的道理。

当然，对于大部分人来说，长时间地坚持做同一件事情是非常枯燥的。开始时的热情会慢慢地被重复的工作消磨殆尽。特别是在通往成功的路上，成功有时候看起来很遥远，纵然已经付出了大量的努力，却还是无法触摸到它的身影。其实，你只需要多一点点毅力。每天都有所提升，那么，随着时间的积累，成功总有一天会到来。

《大学》中有段话：“苟日新，日日新，又日新。”老子在《道德经》中说：“合抱之木，生于毫末；九层之台，起于累土；千里之行，始于足下。”这些古老的中国经典语录说明一个道理：量变积累到一定程度就会发生质变。从平凡到优秀再到卓越并不是一件多么神奇的事，你需要做的就是：保证今天比昨天有进步，而明天又比今天有进步，正是这样看似微不足道的成果积累，一点一点构成了未来的成功。因此，认真把握每一天，确保自己每天都能进步，是实现梦想的关键所在。

逝者如斯夫，不舍昼夜

人生有多长？也许这是一个有些哲学意味的问题。但是我们可以从理论的角度来计算一下，假设我们可以活到90岁，那么，我们的人生长度就是：90年=1080个月=32400天=777600小时=46656000分钟=2799360000秒。这个数字看起来如此庞大，似乎我们的人生时间相当充裕，但实际上是这样吗？

我们不妨来看一个小故事：

有一天，佛陀询问弟子："我们的生命有多长时间？"

一位弟子抢先回答："数日间。"

佛陀摇头说："你还不懂这个道理。"

于是，又问道："人命有多长期限？"

另一位弟子答道："饭食间。"

"你也不明白。"

最后，佛陀再次提出同样的问题，一位弟子举手道："生命在呼吸之间。"

佛陀笑了。说道："你说对了，生命在呼吸之间，出息不还即是后世。"

这个故事其实就是在告诉人们，生命的意义就在于当下，在于今天，在于我们当前拥有的分分秒秒之中。

生命只有一次，时间才是我们最大的财富。而我们拥有的时间只有当下，拥有了现在，我们也就拥有了过去和未来。所谓“当下”，简单地说就是指现在正在做的事、所在的地方、周围一起工作和生活的人；所谓“拼搏在当下”就是要把关注的焦点集中在这些人、事、物上面，懂得抓住真实的刹那，全心全意认真地去接纳、思考、投入和体验这一切。这道理看似简单，大多数人却无法真正做到专注于“现在”。

当然，专注于现在，并不是倡导“今朝有酒今朝醉，明日愁来明日愁”这种挥霍青春、透支未来的享乐主义思想，而是让我们不被过去、未来所束缚，把握当下的快乐，把握今天的机遇，并用及时的行动来实现自己的理想和信念。

要知道，时间每时每刻都在流逝，它并不在意你是在利用时间还是在虚度光阴，在时间面前人人都是平等的，每一天的86400秒，都是过期作废的。所以那些成功人士，都是懂得珍惜时间的人。古人就写下了“明日复明日，明日何其多”的诗句提醒人们珍惜时间，而鲁迅先生更是告诫大家：“浪费时间等于谋财害命。”可见时间的珍贵。

因此，我们的生命应该用秒来计算，在秒针的嘀嗒声中，我们时刻都必须思考自己是否在浪费自己的时间和生命，警醒自己抓紧时间去奋斗拼搏。

车胤生于晋朝，本是富家子弟，后来家道中落，变得一贫如洗。可是，他在逆境中却能自强不息。车胤求知欲很强，也能吃苦耐劳。他因为白天要帮家人干活，没有时间看书学习，就想利用漫漫长夜多读些书，好好充实自己。然而，他的家境清贫，根本没有闲钱买油点灯，有什么办法可以突破客观条件的限制呢？

眼看着光阴一天天逝去，车胤想尽办法去利用晚上的时间读书。最初，他只能在夜间背诵书本内容，直到一个夏天的晚上，他看见几只萤火虫在飞舞，点点萤光在黑夜中闪动。于是，他想出了一个好法子：他捉来许多萤火虫，把它们放在一个用白色夏布缝制的小袋子里，因为白夏布很薄，可以透出萤火虫的光，他把这个布袋子吊起来，就成了一盏照明灯。

车胤每天晚上用这萤火虫制作的灯光不断苦读，终于成为著名的学者，后来还成了一名深得人心的官员。那时候，车胤惜时如金的事迹尽人皆知，大家都非常尊重和爱戴他，每逢举行什么集会或庆祝活动，如果车胤没有到场，大家就觉得扫兴，足见古人对惜时的重视。

其实，在我们小的时候，不管是师长还是家人，都忠告过我们要学会珍惜眼前宝贵的时光，短暂的人生会在不经意的瞬间一闪而过。然而那时的我们是无法体会时间的珍贵的，更不知道珍惜意味着什么。每天穿梭在匆忙的行人和车流中，年少的梦就这样一晃而过了。

直到突然有一天，我们发现年轻的昨天已悄然与我们挥手作别，在我们没有意识到的情况下飘然而去，留下无限的惆怅和梦想未实现的遗憾。这个时候我们才学会反思：时光漫长而又短暂，有人饱食终日，无所事事，从来不好好想想如何利用自己的天赋。

事情往往就是这样，一旦失去的东西，人们才会留恋它，人得了病才想到健康的幸福；时光蹉跎时候才会后悔光阴的虚度，与其坐着叹息，不如从现在开始，抓住生命中的每一秒，去为了心中的梦想而奋斗。

希望每一个人都能珍惜当下的每一分每一秒，用生命的烛光照亮自己，照亮他人，把目光从看重自己的焦点转移到他人身上，做一些帮助或服务他人的有意义的工作。如果真的能够一直努力向着这个人生的目标前行，那么当我们走到生命的终点时，回首才不会有遗憾。

做自己想做的事，认真地拼搏在当下，真实地活在今天，因为时光不会为任何人停留，只有你抓住了生命的每一分每一秒，把握了人生的每一瞬间，你生命的长度才有了意义，你所经历的时光也才有了意义。

第八章

拖延：谁也给不了你想要的生活，除非你自己行动起来

哲学家曾经说："现实是此岸，理想是彼岸，中间隔着湍急的河流，行动则是架在河上的桥梁。""心动不如行动"的道理我们都懂，我们在心中规划的蓝图也只有付之于行动才可能会变成现实，我们完全可以说：成功最大的秘诀就是行动。

畏首畏尾，只会让你一事无成

生活中，很多人看到别人成功时，总是羡慕地说："他那么成功，真是命好！"或许你会认为这样的人肯定会渴望成功，事实也确实如此。可接下来你再听他的话就知道了，他对于成功仅仅是有"渴望"罢了，却从来没有真正行动过，没有为成功而付出过任何努力。

接下来他会说类似的话，“要是我当初能坚持自己的想法，便也会有这样的成功”。若是有人问他为什么没去坚持、没去做事，他们就会说“那是因为我没有资金”“我怕失败”……

看吧！他对于成功的渴望只局限于空想之上，就连第一步都没有迈出，试想又怎么能真正成功呢？我们不妨来看看这样一个小故事：

一个人问农夫是不是在地里种了麦子。农夫回答：“没有，我担心天不下雨。”那个人又问：“那你种棉花了吗？”农夫说：“没有，我担心虫子吃了棉花。”

最后那个人又问：“那你种了什么？”农夫说：“什么也没种，我要确保安全。”

表面上农夫是为了稳妥起见才没有行动，可因为担心不下雨、担心虫子吃棉花就不播种，这是不是太可笑了呢？

其实，与其说农夫在乎损失，不如说他是恐惧失败。可恰恰是这种恐惧心理，是我们所有人的头号敌人。因为过于恐惧，怕字当头，所以我们的行动是不积极的、不彻底的，或是干脆取消一切行动。

农夫的想法显然是错误的，不下雨、有虫子确实会影响麦子和棉花的生长、产量，可这些事情即便真的发生了，我们也可以采取积极的措施来防止损失的加大。但若是我们从一开始就不播种，那么肯定就没有任何收获了，就连之后“损失”“减少收获”的可能性都没有了。

是啊，不行动，又怎么能有其他可能呢？所以在行动前，我们不要思虑太多，更不要过分在乎损失，大胆地行动起来，努力地付出自己的勤劳和汗水。至于结果呢？就交给时间吧！相信时间会给我们一个满意的答复。

同样的道理，在做事的时候，我们也不要过分在乎失败，因为越是在乎失败，惧怕失败，就离成功的可能越来越远。生活中，面对困境，有许多人选择了逃避，企图逃离风险，以求得暂时的安稳。但是，无数的生活经验告诉我们：每个人的一生中，总会遇到艰难险阻，通往成功的道路上，风险几乎无处不在，困难也比比皆是。当一个人企图利用逃避去躲避内心的危机感之时，正是一个人走入危险境地的开始。我们要想生活在一个没有任何困难、风险的世界，那只能是一个无法实现的幻想。

这是因为担心失败的消极心态，会让我们在行动前就展现出失败者的面貌，然后通过退缩、回避等行动来避免失败。而越如此，我们的信心就越会受到严重打击，从而无法发挥出最大的潜能。即便成功的可能性很大，我们往往也会选择性地忘记这些事，反而牢牢地记住自己失败的事并深信不疑，甚至觉得自己根本无法成功，失败终究会到来。

这种为了达到一种目的总是畏首畏尾的心态在心理学上被称为“瓦伦达心态”，瓦伦达是美国一个著名的钢索表演艺术家，以精彩而稳健的高超演技而闻名。然而，在一次重大的表演中，他不幸失足身亡。

事后，他的妻子说：“我知道这一次一定会出事，因为他上场前总是不停地说，‘这次太重要了，不能失败，绝不能失败’。而以前每次成功的表演，他只想着走钢索这件事本身，而不去管这件事可能带来的一切。如果他不去想这么多走钢索之外的事情，以他的经验和技能是不会出事的。”

之后，美国斯坦福大学的一项研究也从另一个方面证实了这种心态。比如，一个高尔夫球手击球前，若是一再告诉自己“不要把球打进水里”，他的大脑里就会浮现“球掉进水里”的情景。这时候，他很可能把球打进水里。

所以说，无论是在我们平时的工作中遇到的难题，还是在我们实现人生理想道路上遇到的挫折，都不应该成为我们畏首畏尾止步不前的理由。而心态也影响着我们的行为和事件的结果，很大程度上也决定了我们人生的成败。所以，不管什么时候我们都应该相信自己，保持积极的心态，然后放手去做自己想做的事情，充分发挥自己的潜能。如此一来，我们才能战胜失败，为自己迎来更大的成功。

正因为如此，心理学家常告诫我们，不管什么时候，我们都要保持积极的心态，对自己充满信心，而不是总想着不好的事情，或是过于担忧失败和损失。等我们做到这一点，即便深陷谷底，也会慢慢地爬上来，从而达到巅峰。

心动一千次，不如行动一次

生活中有很多“嘴巴上的巨人”，他们遇到事情便夸夸其谈，只说不做；说起什么事情来头头是道，可是轮到他去做的时候，便犹犹豫豫、畏畏缩缩了。要知道，不管什么事情，你说得再动听、再美丽动人，没有付出行动，还不如不说。

荀子说：“坐而言，不如起而行。”这句话的含义非常明显，就是与其坐着说，不如站起来去做。用我们今天的俗语来说就是“说得好，不如做得好”，“是驴子是马，拉出来遛遛”。说到这里，我们不妨看看这样一则寓言故事：

在一个仓库中有很多只老鼠，它们快乐地生活，享受着吃不尽的粮食。可仓库主人发现了它们，为了避免粮食再受损失，就在仓库中养了一只猫。

这只猫特别厉害，是个抓老鼠的能手，所以仓库中老鼠的数量不断减少。老鼠们每天活得战战兢兢，躲在洞里不敢轻易外出。眼见情况越来越糟糕，老鼠大王召集了全员大会，商讨如何对付这只讨厌的猫。

一时间，老鼠们叽叽喳喳，谈论个不停，也想出了很多独特的方法：

有的老鼠说：“我们可以研究一种毒药，然后悄悄放到猫的食物里。猫被毒死了，我们不就安全了吗？”

有的老鼠说：“我们可以用滚烫的黄油，把那只猫给烫死！”

还有的老鼠说：“那只猫虽然厉害，可是它毕竟只有一只啊！我们这么多只老鼠，鼠多力量大，怎么也能打过它吧！不如我们一拥而上，把那只猫咬死！”

可是这些想法都被鼠王否定了，因为这都不是可行的办法，都不能保证既消灭那只猫，又保全住自己的性命。

这时，一只聪明的老鼠站了出来，说：“大王，我有一个非常好的办法，又安全又有效。”

鼠王看着它，问道：“什么办法？快点说出来听听！”

这只老鼠说：“这只猫实在太厉害了，死打硬拼的话，我们肯定不是它的对手。不如我们采取防御的方法，如何？”

大家都着急地问：“怎么防御？”

它说道：“我们可以等它睡着之后，在它的脖子上系个铃铛。这样，我们只要听到铃铛的声音，就知道猫来了，就不用担心被它抓住了！”

“好办法，好办法，这真是个好主意啊！”老鼠们欢呼雀跃起来，鼠王也觉得这个主意很好，便立即批准了这个方案。之后鼠王便号召大家落实计划，询问谁愿意主动接下这个任务。

可等了好半天，都没有一只老鼠愿意接受任务。年老的老鼠说："我们年纪已经大了，老眼昏花、腿脚不灵，要是接受任务的话，不就是去送死吗！最好是找个身强体壮、行动灵活的老鼠去执行任务。"

年轻的老鼠则推脱说："我们虽然年轻，可是身上的任务太重了。如果我们被抓住了，之后谁还能为大家找食物。还是找小老鼠吧！它们身形小，跑得快，个个都是机灵鬼儿。"

而小老鼠则赶紧往后退，说："我们可不行！我们还这么小，怎么能做这样危险的事情……"

之后，这样的事情还发生过很多次，每一次它们都能集思广益，想出解决问题的办法。但是呢？尽管它们想出了绝好的办法，但是所有的老鼠都不敢行动，结果只能继续战战兢兢地生活……

这是一群聪明的老鼠，却也是一群愚蠢的老鼠。因为它们的聪明只是停留在想法上，却没有落实到行动上。这样一来，不管它们讨论多少次，想出多少完美的方案也没有任何意义，现实始终都没有丝毫改变。

由此可见，说一千次，也不如做一次。如果仅仅是凭脑子想，永远不付诸行动，那么一切都只是一场空谈，永远都不会有任何收获和成就。事实上，很多人也犹如寓言中的老鼠们一样。关于生活，关于事业，他们总是有很多很多想法，甚至是美好的梦想、宏大的计划。看到别人事业有成，他们便会激情满满地高呼：“我的未来就应该是这个样子，我一定能成就一番事业……”听到一个创造财富的故事，就兴奋地呐喊：“要是给我这样的机会，我肯定比他还成功……”

可一旦涉及行动，这些人便退缩或放弃了，那些所谓的想法、梦想、计划慢慢地变成了闲扯的故事，或是很快就被忘掉了。甚至有些人习惯了畅想，只要是心情不错便灵机一动，冒出一个想法，或是时不时向其他人夸耀自己的计划。而熟悉他们的人都知道，这些想法不过是他们自己头脑发热地随口说说而已。

所以，我们每一个人都应该有实干的意识，不要把想法和计划停留在嘴上。虽然说话要比行动、努力省力得多，只需上嘴唇一碰下嘴唇就可以了，但这也会让我们的目标成了空谈，梦想打了水漂，最终只落得个嘴巴痛快。

肯特是一位著名的探险家，年纪轻轻便开始周游世界，实现了106个愿望。而这只是源于他儿时的一个小小想法。

8岁的时候，他从祖父那里得到了一份生日礼物——一张世界地图。这张地图大大开阔了他的视野，让他梦想着有一天可以环游世界。之后他为自己制订了计划，其中包括到尼罗河、亚马孙河和刚果河探险；驾驭大象、骆驼、鸵鸟和野马；读完莎士比亚、柏拉图和亚里士多德的著作；给非洲的孩子筹集100万美元捐款……

成年后，为了完成这些计划和梦想，他通过几个月的努力，积攒了80美元。拿着这80美元，他开始了周游世界的旅程：在巴黎，他为一家高档宾馆提供了一份美国人最近旅游习惯的资料，所以得到了一份免费的晚餐；在瑞士，他帮一家公司免费拍照片，所以得到了一张去往意大利的飞机票……

就这样，肯特拿着那张世界地图和自己记录梦想的小本子，一个个地实现自己儿时的梦想。

所以，想一千次，都不如做一次。想，可以让我们有一个方向；而做，则可以让我们到达那个方向的目的地。只有行动了，那么我们才可以得到自己想要的。那些成功的人则都是行动大于想法的人，不仅有完美的想法和计划，而且能够立即行动，且不折不扣地执行下去。

天下武功，唯快不破

岁月匆匆，时光荏苒，经不起你的一再蹉跎，不敢向前迈出你的脚，你便会永远停在原地而无所作为。每个人都不会保证自己做的事能成功，但是，如果不去实践，便永远不会成功。古人说："畏首畏尾，身其余几？"意思是说，怕头怕尾，身子还剩下多少呢？也就是说，如果你总在害怕做错事，不赶快去付诸行动，如此前怕狼后怕虎的话，那么又如何能够取得成就呢？

心态，影响着行为；行为，又影响着人生。可以说，命运是心态和性格的产物，若把生活比作电影，那么这场电影的导演就是我们自己。很多人敢闯敢干，在失败中寻找经验，最终走向了成功。但是还有一些人做事小心翼翼，瞻前顾后，一拖再拖，最终一事无成。

公元前610年，晋灵公与诸侯在扈会盟。

郑穆公得到消息后很想参加这一盛会，但是，晋灵公却对此十分反对，他拒绝和郑穆公见面，因为晋灵公听说郑国对晋国有二心，他们打算和楚国勾结一起算计晋国。

郑穆公对此十分忧心，郑国的大臣子家想为国君解忧，便立刻派信使去了晋国，给执政大夫赵盾捎去一封信，信中表明了郑穆公即位以来和晋国一直是友好的，即使面对楚国强大的压力，他也从来不敢对晋国三心二意。当然，信中还对晋灵公的无理指责做了反驳，最后，他以强硬的口气说：“古人有言：畏首畏尾，身其余几？鹿死不择音，小国事奉大国，如果大国以德相待，那小国就会像人一样恭顺，但是，如果大国待之非礼，小国就会像鹿一样铤而走险，哪儿还能顾得上有所选择呢？”

赵盾看着信，觉得说得很有道理，并对信中的最后一句“贵国拒绝我主公的命令，我们也知道面临灭亡了，只好准备派出敝国的士兵严阵以待。今后，到底该怎么办，就听凭您的命令吧！”

赵盾十分佩服，于是，他劝晋灵公收回成命，不要拒绝郑穆公参加会盟。

做成每件事必定有一定的风险，也许会因为我们一个小的失误而失败，但是我们可以从失败中汲取教训，下次再去做的话就不会再出错，总有一天会成功的。如果因为畏首畏尾而停步不前，不能在第一时间做出最快的反应，那么极有可能永远都没有成功的一天。年轻人应该有一种雷厉风行的闯劲儿，这种说干就干的精神会让你成就自己。

俄罗斯著名寓言作家克雷洛夫说：“现实是此岸，理想是彼岸，中间隔着湍急的河流，行动则是架在河上的桥梁。”没有任何一个机会会等待着你去反复思考，在当今这个复杂多变的社会，很多人变得多疑起来，他们怕自己出错，怕遭别人陷害，怕所有内外因素影响自己，因此常常站在机会面前踌躇不前，机会最终与其擦肩而过。

从前有一个国王决定从他的十位儿子中选一位做继承人。他私下吩咐一位大臣在一条两旁临水的大道上放置了一块“巨石”，任何人想要通过这条路，都得面临这块“巨石”。然后，国王吩咐十位王子来到现场，问他们：“如果你们遇到这样的情况，必须要通过这条路，那么你们会如何去做？”

为首的王子立刻说道：“我曾经接受过攀爬的训练，这块石头虽然看起来很大，但是以我的能力而言，爬过去到对面是一件很轻松的事情。”

另一个王子说：“我平日里跟我的老师一起学习并且负责国家的造船工程，我可以用最短的时间造出一艘小船，然后从水路过去。”

接下来王子们七嘴八舌，有的说：“我能从水里直接游过去。”还有的说自己可以另造一座桥过去，大家一副踌躇满志、不在话下的样子。

这时一直沉默不语的小王子走上前去，来回端详那块巨石，然后伸出手一推，巨石居然应声而落，滚到水里去了。小王子轻松地走到了对面，回过头来对国王说：“父亲，我做到了。”

国王非常高兴，走过那几位还在惊诧中的王子，过去握着小王子的手问：“你怎么知道这块巨石可以轻松推动？”

“我不过试了试，”小王子说，“谁知我一推，它就动了。”

原来，那块“巨石”是国王和大臣用很轻的材料仿造的。故事的结局，自然是这位善于行动的小王子继承了王位。

相信我们每个人曾经都有许多想法，只是其中的一大部分都是在举棋不定的犹豫中错过了。而那些最终实现梦想的人往往是想到就立刻去做，敢于尝试，付出行动。

生活中，如果我们留心就不难发现：那些成功人士都有一个共同的特点——言出即行。很多时候，不要等到条件完全成熟了才开始行动，那很可能永远都不会发生。因此，如果我们心中有了想法，最好赶快开始行动，养成立即行动的习惯。这种习惯对于我们实现梦想而言，无疑是非常必要的。

越是前怕狼后怕虎，越是拖延犹豫就越容易错过机会，自信的人不会对自己要做的事情举棋不定。

只有抓住机会，在最短的时间内采取行动，抢在别人面前付诸实施，才能领先一路。总而言之，如果要做，就立刻行动，即便是失败，你也能够快人一步获取宝贵的经验教训，从而更快地重振旗鼓，冲向梦想的彼岸。

“拖延症”是上进心最大的敌人

清晨6点钟，手机的闹钟准时响起优美的旋律，被窝里的你又开始了一如既往的思想斗争：前一天明明已经制订好了学习计划，时间甚至精确到了分钟，闹钟就是吹响的冲锋号，是时候行动起来了！——“再躺一会儿，就躺一小会儿。”脑海中又响起了那个熟悉的声音……结果，在这来来回回的犹豫和磨蹭中，时间一点点地溜走了。相信每天都在经历这种情景的人绝对不少。

很多时候，我们之所以无法摆脱“拖延症”，其实是因为骨子里的惰性。休息当然比努力要舒服得多，这是尽人皆知的——但有的人就能够战胜自己的惰性，积极主动，勇于接受挑战。

而另一些人呢，却无法这么果断，他们总是在主动和懒惰间摇摆不定，将很多时间都浪费在了拖延上。为了能让自己更舒服些，那些懒惰的人总能为自己找个心安理得的借口，在需要付出劳动或做出选择时尤其如此。

相信大家都听过寒号鸟的故事：

山脚下有一堵石崖，崖上有一道缝儿，寒号鸟懒得做巢，就把这道缝当作自己的窝，住在里面。旁边有一棵大杨树，一只喜鹊在树上做了个窝，跟寒号鸟成了邻居。

到了秋天，风卷残叶，眼看着气温一天冷过一天，冬天快要到了。

这一天，天气晴朗。喜鹊一早飞出去，东寻西找，衔回来一些枯枝，就忙着加固鸟巢，然后储存过冬的食物，准备过冬。

而它的邻居寒号鸟却整天飞出去玩，累了就回来睡觉，一副得过且过的样子。

喜鹊说："寒号鸟，别睡觉了，天气这么好，赶快垒窝找食物吧，等到了冬天，就找不到了。"

寒号鸟躺在崖缝里，一副不以为然的样子，还对喜鹊说："你不要吵，太阳这么好，正好睡觉，我睡醒了就去找树枝和食物。"

就这样时间一天天过去了，每天寒号鸟都用同样的话来敷衍自己。

一转眼，冬天说到就到了，寒风呼呼地刮着。喜鹊住在温暖的窝里。寒号鸟在崖缝里冻得直打哆嗦，悲哀地叫着：“哆罗罗，哆罗罗，寒风冻死我，明天就垒窝。”

第二天清早，风停了，太阳暖烘烘的。喜鹊又对寒号鸟说：“趁着天气好，赶快去找些树枝垒窝吧。”可这时的寒号鸟忘了昨天夜里的寒冷，伸伸懒腰，说道：“时间还早，我昨晚没睡好，让我补补觉再出去干活。”

就这样，时间一天天过去，每天寒号鸟都这样拖延过去了。转眼就到了寒冬腊月，大雪纷飞，漫山遍野一片白色。北风冷得像刀子一样，河里的水都结了冰，崖缝里冷得像冰窖。

就在这严寒的夜里，喜鹊在温暖的窝里熟睡，寒号鸟却发出最后的哀号：“哆罗罗，哆罗罗，寒风冻死我，明天就垒窝。”

然而，上天没有再给寒号鸟哪怕一天的机会，第二天早上，阳光普照大地。喜鹊发现，对面那只可怜的寒号鸟在半夜里冻死了。

这个故事的道理非常简单，然而生活中，却有无数的人在不知不觉中活成了一只只寒号鸟。无论是早上的赖床，

还是考试前一天拖一天地不愿看书学习，甚至是面对人生目标时的迟疑和自我麻醉。勿庸置疑，在他们一次又一次的拖延时，其实都可以看到那只寒号鸟的影子。

保罗在现实生活中就是不折不扣的寒号鸟，他一辈子一事无成，懒惰无比，又热衷于推脱责任。在他60岁的这天夜里，一觉醒来，他忽然看到了天使，天使告诉他，在人间的时间已经没有了，他要迎接自己的死亡，到另一个世界去。

“能不能再给我一天的时间，我还有很多未完成的梦想，还有许多想要见到的人！”保罗苦苦哀求道。

天使冷冷地回答道：“对不起，我不能答应你，因为这一切都给你留了足够的时间让你去做，只是现在你才想到了珍惜。我这有你的人生备忘录，你可以自己来看看：在你60年的时间里，三分之一甚至更多的时间在睡懒觉；剩下的30多年，除去儿时的懵懂时期，你每天无所事事，不停地抱怨时间过得太慢，达10000次之多；上学时，你拖延作业，出去逃学；成人后，你工作上因为拖延耽误了大好前程，你的业余时间都用来打牌、下棋、看电视、上网、玩游戏，虚度光阴。”

听到天使这样说，保罗满头冷汗涔涔而下。

而天使并没有因此停下，接着说道：“根据记录，你这一生因拖延而浪费的时间大约有38000小时，约合1600天；因为没有明确的人生目标和行动目标，你常常发呆，埋怨，责怪别人，找借口，推卸责任；你工作时热衷于开小差和偷懒，经常在上班时间睡觉，因此你的睡眠时间远超过其他人，足足超过了20年。除此之外，你那些打发无聊的应酬时间，还都没有算在里面，其实，这一辈子你因为拖延而浪费的时间实在是太多太多了，你已经没有哪怕一秒时间可以透支，请跟我走吧……”

这真的是一个很可怕的账单，因为我们很多人就是这样拖延时间，浪费生命的。我们不妨自我反省一下，自己是不是那个站在天使面前满头冷汗的保罗呢？

心理学家威廉·詹姆斯说过：“种下行动就会收获习惯，种下习惯便会收获性格，种下性格便会收获命运。”一个人的行动可以形成一种习惯，而习惯在潜移默化之中，往往就决定了一个人的命运。

生活中有着太多的酸甜苦辣让我们品尝，只有勇于面对、勇于行动的人，才能在其中体会到各种滋味，我们不能去增长生命的长度，但可以拓宽生命的宽度，行动的勇者会领略更多的风景，而那些热衷于拖延的弱者，只能像个“套中人”一样躲在自己的空间中完成自己的一生。

迈出第一步，需要勇气，更需要胆量

在我们身边，有不少这样的人：

他们时常在年初时信誓旦旦地写下一年的计划，包括到哪里旅游、读几本书、减多少斤肉肉、工作如何突破等。可等到年底时，这些计划几乎没有一件完成。

当有人提出“为什么”的时候，他们总是忙着解释：“我也想按计划完成，可是有些事情太难了。就拿减肥来说吧，又要节食又要运动，可是我却是一个典型的吃货，怎么能控制住自己呢？还有读书，我每天上班已经够累了，下班到家之后通常都已经七八点了，哪还有精力和时间读书啊！”

通常最后还要加上一句：“不是我不想做，而是太难了！”

还有一些人，因为对自己眼下的工作和状况没有信心，他们在对待一些重大决策时会非常谨慎和犹豫，总下不了决心。比如，在学习投资和买房时，常常嘲笑那些贷款为自己充电以及买房买车的同事不会过日子。然而数年之后，当他们还在盘算着什么时候去买、抱怨物价飞涨时候，才发现当初的朋友早已升职加薪，不仅早已开始享受生活，而且还贷的压力也越来越小。

我们的人生同样也是如此，很多人常常会把“我没做过”“我做不好”等挂在嘴边，对于一些事情，他们在没有尝试的情况下就给自己下了定论，内心的怯懦让他们变得拒绝挑战，畏首畏尾。

然而仔细想一想，这些事情真的有那么难吗？其实未必。实际上，很多事情，只要我们做了，并且认真地去做，就会发现原来它并没有想象中的那样难。那么，为什么很多人会觉得难呢？

要知道，面对挑战和机会，一个人如果永远不敢迈出第一步，那么他只能被别人甩到后面，永远停步不前。其实，世界上没有“不能”这个词，如果你勇敢地迈出第一步，你会发现原来事情并非想得那么难。

张帅是一个残疾人，小时候因为车祸没了双脚，从小学到初中，都是同学自发组织背着他上学放学，他也觉得很温暖。到了高中之后，青春期的敏感让他越来越在意自己残疾的事实，慢慢变得自卑自闭起来，总觉得自己低人一等，这种心态已经影响到了他的学习和生活。

留意到这些的班主任开始想办法鼓励张帅，他通过残联为张帅介绍了好几位身残志坚的朋友，每个星期都会让他们一起聚会聊天，帮张帅排解烦恼。这期间，朋友建议张帅选一项爱好作为特长来培养，张帅虽然并不是很自信，但也开始锻炼身体。因为自己没有条件训练专业的假肢，于是着重锻炼上肢力量，希望能参加运动会。

可是天生柔弱的张帅在这方面进展得并不顺利，几次比赛都没能拿到名次，灰心的他选择了放弃，状态再一次陷入了低谷……

其实，生活中有不少像张帅这样的人，即使他们并没有张帅的残缺，却依然找不到自信。很多时候，他们觉得任何人都比自己要强，因此遇到事情从来都不敢勇敢地去行动，这种人在工作中常常会畏首畏尾，生活中也不愿意担当责任，他们常常会把“我算老几呀”之类的话挂在嘴边，其实这是一种极不自信的表现。

在上述事例中，张帅又遇到了另一个帮助他的“病友”小林，小林跟张帅一样双腿残疾，但是他从不灰心丧气，是个阳光帅气的小伙子，他不但不因为自己是残疾人而自卑，反而喜欢给自己打扮，一头飘逸的长发，再加上一副墨镜，给人的第一印象总是酷酷的。他爱好广泛，在一个中医学校中学会了按摩，毕业后自己开了一家私人诊所，专门给病人推拿。此外，他还曾经和朋友们组建了一支摇滚乐队，担任架子鼓一个角色，他打出来的鼓点不知道感动了多少人。

他告诉张帅，最近自己在学摄影，如果愿意，可以跟着自己一起学。张帅对于摄影也很感兴趣，但是却没有信心，他觉得摄影要走很多地方，拍很多景物，可是自己连脚都没有，根本不可能学好。

小林很严肃地告诉张帅，事在人为，自己不光没有脚，甚至连小腿都没有，可这并没有让他打消学习摄影的念头和信心，如果还是男子汉，就鼓起勇气，跟自己一起学摄影，我一个没有腿的人都不怕，你只是没有脚，有什么好怕的？

在小林的鼓励下，张帅终于下定决心要学摄影了。

第二天，小林拿来了一部单镜头反光照相机，张帅不由心里发虚了，没想到小林这么快就实施计划了，难道真的让他去采景吗？虽然心里忐忑不安，但是盛情难却，只好硬着接过了相机。

张帅长这么大从没摸过照相机，一切都得从零开始。小林很有耐心，一点一点地教他，快门、光圈、对焦、运用光线……把自己学到的一点不落全部教给了他。

在小林的鼓励和带动下，他开始相信，正常人能做到的事他也能做到。过了一段时间，张帅爱上了摄影，一有时间就跟小林去户外采风，摄影技术也与日俱增。在一次摄影比赛中，他拍的作品还获得了优秀奖！

阿基米德说："给我一个支点，我能撬起地球。"虽然一听就是不可实现的豪言壮语，但是，阿基米德的勇气令人佩服。如果你也想成为这种英雄式的人物，那么就必须丢掉你的胆怯和犹豫，勇敢地迈出第一步，不断地激励自己，坚定信心。

生活其实也是如此，很多时候我们之所以不敢行动，就是因为我们对于某些事情和某些问题过于恐惧。因为害怕失败，所以我们在脑海里预设各种各样不好的结局，于是就更加不敢去做了。

可是，解决问题的唯一办法就是立即行动，勇敢地去尝试、摸索，勇敢地去做自己想要做的事情。虽然在这个过程中，我们可能会遇到困难和挫折，可是当我们凭借自己的力量去探索和尝试的时候，就会发现，原来事情并没有想象中那么难，也并不是如我们预料中的那样无法做到。

大多时候，我们不是做不到，而是没有去做，在还没有开始做的时候就找各种理由让自己放弃。与其说某件事情"太难做了"，不如说我们自己在头脑中设想了太多困难，然后让这些困难阻碍了自己前进的步伐。

当我们觉得某件事情太难时，不妨对自己说：不要被自己吓住，更不要失去尝试的勇气。只要我们开始拼尽全力去做，那么任何问题都会迎刃而解。即便是失败了又如何？只要去做了，那就是一次美妙的体验，就是一个很好的收获。

一个人之所以会成功，不是因为他有多么雄厚的实力，多么好的运气，而是因为他敢于迈出双腿，付出行动。任何的决策都有风险存在，决策者虽然不能草率决定、盲目行动，但是也千万不要优柔寡断、丧失时机。要有决策的谋略、魄力与勇气，勇敢迈出行动的第一步，未来的成功才会变成可能。

在没有行动之前，我们永远不能确定会得到多大收益，将要面临多大风险，如果你害怕这些不确定因素而迟迟不敢迈出第一步的话，那么你也永远无法走向成功。通向成功的路途永远会隐藏在密林中，只有你勇敢迈出第一步，才能走进丛林发现小路，最终走出迷途。

“千里之行，始于足下。”你的第一步决定了你未来的去向，没有第一步便不会有之后的成功。只有敢于迈出第一步，才有可能成就一个全新的自己。

第九章
逆境：面对逆境，你要比它更狠

很多有经验的挖参者都知道，越是艰险的地方挖出的人参也就越大；果农们也都知道，凡是长在最高的枝头难摘的苹果也就越香甜。我们的人生之路也是这样，越是通向成功的道路，也就越崎岖。面对逆境时，我们要做一个敢于直面和挑战挫折的“狠角色”。

每个失败者的手中都握着成功的钥匙

“失败”是任何一个人都不想听到的词语，但是，失败同样可以开拓人的思路，使人变得更加成熟。“失败乃成功之母”这句话大家应该都知道吧，失败的人常常就是握着成功大门钥匙的人，但是，有很多人虽然经历了无数次的失败却没有发现成功的钥匙，这是为什么呢？那是因为成功的钥匙留给了那些一直准备成功的人。

有些人经历了失败会在失败中痛苦消沉下去，那么他便与成功失之交臂了，那把成功的钥匙就会从他手中消失。但是，有些人会从失败中总结经验，吸取教训，他便获得了争取成功的条件。持之以恒地坚持奋斗，每次摔倒都会捡起璀璨的宝石，把这些宝石积累起来，你会发现，你的手中一直握着的是一枚成功的钥匙。

在楚汉相争的动荡时期，刘邦留给人们的印象就是一直在挨打，一直在逃跑，就连孩子老婆都沦为项羽的人质。在项羽巨大英雄身影的笼罩下，刘邦显得是那样的卑弱可怜。

但是，刘邦不认输，虽屡战屡败却一往无前。也正是由于这一点，在与强敌项羽的殊死较量中，刘邦才成功地实现了自我超越，最终垓下一战，将项羽置于四面楚歌的困境，项羽自刎，刘邦取得了最终的成功。

成功的人不会被轻易打倒，他们像不倒翁一样，每次被打倒后都会坚强地站起来，因为他们相信自己，永不服输，他们会从失败中积累经验，向成功迈进。

卡耐基说："从失败中培养成功，障碍与失败，是通往成功的两块最稳固的踏脚石。"因此，如果走向成功除了持之以恒之外，总结失败的经验同样重要。哲学家波普尔认为，一个人经历一百次失败之后，他就会成为这个特定问题的专家。自古就有“久病成医”的说法，由此看来，失败的次数越多，成功的概率也就越大，所以失败的下一站也许就是成功。

美国总统林肯被笼罩了无数神秘的光环，但是，他的一生却并不平坦。21岁的林肯刚刚入职，就面临了失业。22岁时，他竞选州议员失败；之后他开始做生意，但是24岁时他又遭遇了生意场上的失利，两年之后，爱妻去世了。27岁时，他患上了神经衰弱，每天处于痛苦之中，但29岁的他又一次参加了州竞选，这次他参选的是州议会议长，最后仍以失败告终。

30岁以后，林肯参加联邦议员的竞选，结果又被一票否决了。34岁的他再次被拒绝提名为众议员候选人。3年之后，又被拒绝参加国有土地管理局局长一职，45岁时，又一次在参议员竞选中失败。

47岁，林肯打算提名美国副总统候选人竞选，但因为一些原因又一次失败了。两年之后，他再度被参议员的竞选拒之门外。此后，他在伊里诺伊州参议员的竞选又落败。但他继续坚持不懈，屡败屡战，终于在52岁那年，他当选为美国总统，获得了人生中的成功。

林肯总统的一生仿佛都在失败，但经历多次失败之后，他反而越挫越勇，在失败中积累经验，从而取得了最终的成功。成功并没有固定的模式，每个成功都是经过失败的洗礼才会更加伟大，每个伟大的成功一定是一次次的失败经验积累换来的。

松下幸之助说："在我的人生字典里，永远没有失败一词，因为每一次失败是我弥补某种不足的一次机会。"他说得很有道理，每一次失败都是把你向成功又推进了一步。

西部"牛仔大王"李维斯的发迹史充满坎坷和传奇。他的制胜法宝是每当遭受打击时，永不认输，并且兴奋地对自己说："太棒了！这样的事竟然发生在我的身上，又给了我一次成长的机会。"

当年他像许多年轻人一样，带着梦想前往西部追赶淘金热潮，岂料一条大河挡住了去路。苦等数日，被阻隔的行人越来越多，但都无法过河，人们怨声一片，陆续开始打道回府。难道自己也要认输吗？不！既然大家都被大河挡住了去路，我何不摆渡呢？很快李维斯因摆渡获得了人生的第一笔财富。

由于到西部的时间比较晚，好的地方已经被先来者占据。李维斯好不容易找到一处合适的地方，准备开始淘金，便有恶汉走过来跟他抢占地盘。他刚论理几句，那伙人便失去耐心，对他一顿拳打脚踢。

没有好的地盘，淘金的希望太渺茫了，这样下去什么都不会得到，难道回家吗？想到这里，李维斯犹豫了一下，随即对自己说：“不！不！不能这样就认输。”看到淘金者们时常忍受没有水喝的痛苦样子，一个念头在他脑中一闪而过：“卖水！”

李维斯没日没夜地挖水渠，从百里之外将河水引入水池。然后，将水装进水桶里，开始卖水了。一时间，排队买水喝的人挤破了头，喝够了还要买回去一些储存起来。水总是供不应求，生意红红火火。

慢慢地，有人开始参与卖水的新行业了。再后来，卖水的人也越来越多，这样李维斯的生意很快就被瓜分了。这次，他依然没有认输，他看到淘金人成天在野外挖矿，他们的裤子极易磨破，于是他收集了一些废弃的帆布帐篷，缝制成了裤子，这种裤子布料很厚很结实，不容易磨破，非常受欢迎，这就是牛仔裤的发明史。

失败是通向成功的必经之路，每一位失败者的手中，一定有一把通向成功的钥匙。因此，遇到失败的时候，不要总强调“我已经失败了”的信息，而是像积极思维大王李维斯一样，永不认输，并且对自己的潜意识说一句：“太棒了！这样的事竟然发生在我的身上，又给了我一次成长的机会。”如果有一天你遭遇失败，一定要以意志与恒心来面对失败，如果你做到了，总有一天你会用你手中的钥匙开启成功的大门。

越害怕的事情，越要勇敢去做

恐惧是一种常见的心理，人人都可能因为某个人或某件事情产生恐惧心理。比如，有人对黑暗充满恐惧，一到黑夜就会坐立不安；有的人对密闭空间有强烈的恐惧，一旦进入就会惊慌失措，有一种想要逃离的冲动和欲望；有的人恐高、恐水、恐蛇类爬行动物……

事实上，人们之所以产生恐惧心理，是因为对面前的事物和环境不了解，不知道其中蕴藏着什么样的危险，不知道如何去面对，不知道自己是否能够承担可能造成的结果。正因为如此，很多人会选择逃避，或是原地等待、观望，以避免让自己陷入困境、危险之中。可往往越是无法面对恐惧，我们的内心就越懦弱，越无法战胜自己和任何事情。

对于风险的恐惧也是如此。通常通往成功的道路都是未知的、充满风险的，所以很多人恐惧不已，不敢做出冒险的行为。虽然他们知道前方可能有好的机遇，而这机遇可以给自己带来巨大的收获，但是恐惧却让他们犹豫不决，不敢越雷池一步。在他们看来，现在的状况虽然不太如意，但毕竟是安全的，可以掌握的。可若是冒险的话，它不一定给自己带来巨大成功，反而可能让自己陷入深渊之中。

所以，大多数人会选择规避风险，不愿意冒着失败的风险，去做出更多的尝试。结果，他们不仅失去了冒险的勇气和绝好的机遇，还让自己失去了更加精彩的人生。

一家保险公司为提高新晋员工的能力，激发他们的工作热情，特意请来了一流的心理学家、教授、业务高手为他们进行岗前培训。3个月后，培训圆满完成，公司高层满以为这些新员工一定能投入全部的热情工作，并且给公司带来巨大的经济效益。

可令人意外的是，没过几个月，大部分新晋员工却选择了辞职，只有少部分人留了下来。公司高层百思不得其解，最后一位心理学家给出了答案：经过培训之后，员工们的业务水平得到提高，可是过度强调市场竞争激烈却加大了他们对于未知行业的恐惧。这种恐惧感让他们患得患失，对自己失去信心，一旦在实际工作中遭到客户的拒绝，就会越来越恐惧，越来越没有信心。

而那些坚持下来的员工，他们内心也充满恐惧，但是却敢于战胜自我、突破自我。事实证明，这些坚持下来的人也充分发挥了自己的价值，迅速成为行业的佼佼者，做出了非常突出的成绩。

由此可见，这个世界永远属于那些勇敢者，因为他们能够克服自己的恐惧心理，大胆地做别人不敢做的事情，敢于做自己害怕的事情。

很多时候，不是成功不青睐我们，而是我们不敢选择通向成功的那条路，不敢尝试隐藏成功的那个机遇。所以，我们要告诉自己：即便有恐惧心理也没什么大不了的，任何人都有恐惧心理。只要我们能够让自己的内心强大起来，战胜恐惧，那么就可以在挑战和冒险中拼搏出一块立足之地。

罗斯福说过："每天做一件自己害怕的事。"战胜自己的恐惧心理，你就可以抓住机遇，赢得财富；相反，若是你被怯懦和恐惧占据了内心，就永远也走不出内心的困境。

诺艾尔·汉考克是畅销书《不要和鲨鱼接吻，但要和勇敢一起睡觉：每天做一件自己害怕的事，让你每一天都比昨天更勇敢！》的作者，曾一度被怯懦和恐惧所左右。

在诺艾儿·汉考克29岁的时候，她接到了公司裁员的通知，这个晴天霹雳让她悲伤不已，并且颓废了好几个星期。后来，她在一家咖啡馆的布告栏上看到一句话——每天做一件自己害怕的事，就是这句话让她做出彻底的改变。

之前，她不敢发表自己的意见，因为担心别人笑话自己的意见很愚蠢；她不敢在同事们面前发言，因为担心会得罪同事；她不敢提出辞职，因为觉得工作实在太难找了；她甚至不敢和跳蚤市场的老板讨价还价，因为怕遭到拒绝而尴尬……就是因为她不敢做的事情实在太多太多了，所以失去了很多很多机会，并且让自己越来越平庸，从而落得被裁员的后果。

后来，她决定作出改变，直接挑战内心的恐惧，每天都做一件自己害怕的事情。结果，在不断挑战自己的过程中，她获得了自信和快乐，生活也越来越幸福。

所以说，别让恐惧阻挡了你前进的步伐，勇敢地去做那些你害怕做的事情，勇敢地去尝试那些令你恐惧的事物，直到成功为止。生命是一个历练的过程，需要勇敢地不断地突破与探寻。

就像破茧成蝶的毛毛虫，若没有勇气挣脱旧日的茧，便永远不能化为美丽的蝴蝶，展开翅膀飞向蓝天一样。我们若是想让人生迈向一个全新的高度，就应该有足够的勇气，战胜内心的恐惧，不断地挑战自己。唯有如此，我们才能迎来真正的成长和蜕变，并且在不断的蜕变中迎来灿烂辉煌的明天！

道路越艰辛，我们离成功也就越近

人生路上，失败和挫折未必是坏事，它们可以为一个人提供很多顺境中所不能学到的知识。正如同那些长在温室中的树苗永远不能体会到阳光、风雨的魅力一样，即便它们在温室中长势再好，也永远也没有可能成长为参天大树。生活中，挫折和磨难让我们学会了冷静，学会了动脑，磨炼了意志，增强了战斗力……这个过程正是我们完成自我提升和成长的过程。

我们的人生之路从来不平坦，越是通向成功的道路，也就越艰辛。也就是说，如果想要走向成功，就要克服路途上的艰辛。而我们从一次次摔倒一次次爬起中才能得到真正的锻炼，那正是通向成功必备的能力。

古时候，有一个知识渊博的人自认为怀才不遇，终日郁郁寡欢。这一天，他求见一位智者，并在智者面前大发牢骚："我是个有学识的人，为什么总是不能遇到成名的机会呢？"

智者无奈地回答："你虽然博学，但样样都只尝试了一点儿，不够深入，用什么去成名呢？"

那个人听后便开始苦练最擅长的书法，后来虽然写得一手好字，但还是没有出名。

他又去问智者："智者啊！我专心练习书法，也有所成就，为什么还是出不了名呢？"

智者摇摇头说："你都不敢去参加书法比赛，

说明你缺乏信心和勇气，又怎么能成功呢？”

那人听完智者的话，又苦练数年，建立了自信心，并且鼓足了勇气去参加比赛。他发挥得非常出色，最后却由于裁判的不公正而被别人占去了成名的机会。

那个人心灰意冷地对智者说：“智者，这一次我已经尽力了，看来上天注定，我不会出名了。”

智者微笑着对他说：“其实你距离成功只有一步之遥了，我早知道你比赛的结果，这正是你成名的最后一课——挫折。现在你得到了它，成功便成为挫折送给你的礼物。”

之后的日子里，他无论遭遇怎样的困境，都告诉自己一定要坚持再坚持，最后终于成为书法领域的一代名家。

人们经历艰辛后更要坚守自己的目标，征服困难超越自我，经历挫折之后的反思，是任何教科书上都不会有的。在成功的道路上，也许我们会因为一时的失败、挫折而觉得迷茫，也会因为路途太过艰辛而选择放弃。但是，每个黎明到来之前都会经历无比的黑暗，也许再坚持一下，成功便就在前面向我们招手。著名的领导力大师沃伦·本尼斯在他的《领导者》一书中写道："无论是政府、民间还是非营利领域的领导人，他们都有一个共同特点：每个人都曾经历过艰难的困境，然后反败为胜。"

小华毕业后进入一家公司做行政助理。刚刚走出象牙塔的她，总觉得职场是个能让自己大展拳脚的地方，她也暗暗发誓：一定要好好工作，做出成绩！凭着这股锐气，她全身心地投入到工作中，并且很享受这种努力奋斗的感觉。

可是，没过多久，小华的兴奋劲儿就少了。她发现助理也不是好当的，要处理各种各样的琐事，没有一点自由的空间，公司的条条框框也非常多。这些还是次要的，最让她头疼的是自己要听从三个经理的差遣，每件事都要给他们一一汇报，否则的话就有人不满意。

一天，总经理给小华下达了一个任务：一周之内做出办公室装修的计划案。小华是个新手，她从来没有做过这样的计划，脑子里一点概念都没有。为了解决这个问题，她开始向同事求助。一个星期之后，她终于做出了一套完整的方案。她把这套方案交给三位经理看。可没想到，三位经理给出了三个完全不同的修改意见。

这可怎么办？都是经理，该听谁的呢？不管听从哪一个，都会得罪另外两位领导。小华一时间觉得自己备受折磨。可是，该干的活还得干！

思考了一番之后，小华将三位老板的意见重新进行了整合，做出了一个全新的方案，并拿着这个方案分别去找了三位老板。可是老板又给出了很多意见，而且意见还是不统一。小华没有抱怨，反倒是越挫愈勇，又重新做了一份方案。就这样，反反复复地修改、批评，最后她终于做出了一个让三位经理都满意的方案。

当这个棘手的任务做完之后，小华突然觉得：没什么问题是解决不了的，受折磨的同时也是一种提高和进步。

领导给员工“穿小鞋”的行为真的让人很难受，但是小华却用一个良好的心态去克服了这些折磨，如果她不堪忍受工作中的处处碰壁，无法承受这种艰辛的话，她也许会拖延，也许会辞职，但她永远不会与成功携手了。老板与同事的刁难其实就是一个磨炼的过程，风雨越是猛烈，之后的彩虹也就越美丽。

有句名言是这么说的：伟大与平庸之间常常只有一步之遥。生活中也确实如此，对于每一个人来说，人生的道路有千万条，而真正通向成功的那一条往往最艰辛。我们一定要明白：道路越是艰辛，离成功也就越近，艰辛的路途并不会给我们的梦想带来阻力，反而会让我们更加坚强，更加坚定，从而找到更好的自己。

剑走偏锋，走出属于自己的路

中国有句古话：置之死地而后生。意思是说，事先断绝退路，就能下定决心，取得成功。对如今的我们来说，就是要让我们把自己放在一个根本没有退路的地方，只能往前，不能往后，拼死斗争，还有可能胜出，否则就只能面临失败。在人生奋斗的道路上遇到困境一筹莫展的时候，拿出这句话来激励自己，用以激发自己面对困境奋力一搏的潜能。那么，为什么人们的潜能会在这时候得到空前的爆发和提升呢？

这其实代表了一种思维模式的转变。有人说，成功与失败最终取决于意志的较量。最困难的时刻也许就是拐点的开始，改变一下思维方式就可能迎来转机。

某日化企业引进一条香皂生产线，结果发现生产线有缺陷：常常有盒子里没有装入香皂。总不能把空盒子卖给顾客啊，于是请来一个学自动化的博士后，让他设计一个方案来分拣空盒子，博士后拉起了一个几十人的科研攻关小组，综合采用了机械、微电子、自动化、X射线探测等技术，花了几百万，成功解决了问题，每当生产线上有空盒香皂通过，两边的探测器会检测到，并且驱动一只机械手把空皂盒推走。

而同时另外一个小企业也买了同样的生产线，老板发现了这个问题后也很头痛，找了厂里的工人来想办法，最后他们终于找到了完美的解决方法：在生产线旁边放了台电风扇猛吹，空的肥皂盒自然会被吹走。

几个工人花几十块钱买了一台电风扇，竟然解决了自动化博士后花了几百万才解决的问题……

这则故事告诉我们：并非高科技的生产线就必须要用高科技的方法去弥补不足，不要被任何先入为主的想法禁锢了头脑，如果能够摆脱头脑中固有的条条框框，就会发现，解决问题的方法居然如此简单。

我们每一个人的思想都有一个环境，那就是我们固有的思维习惯，或者说是思维定式，这个环境有时候会禁锢我们的想法，限制我们的行动，我们每一个人都要认识到这个问题，避免被这个头脑中的"环境"所奴役。我们日常工作生活中所形成的知识、经验、习惯，都会使人们形成认知的固定倾向，从而影响后来的分析、判断，形成思维定式。

而实际上，很多在思维定式模式下解决不了的问题，一旦我们改变思考角度，让思维转个弯，就会发现原来解决起来竟然如此简单。

很多时候，我们在遇到挫折和失败或即将遇到挫折和失败，面临强大外在的心理压力的时候，能够做到不气馁，不懈怠，是非常难能可贵的。然而更加难能可贵的是，转变思维模式，尝试那些我们没有尝试过的方向，没准在转变方向之后，我们会找到柳暗花明的捷径，令局面豁然开朗。

第十章
改变：改变自己，无论何时都不晚

人的命运其实就掌握在自己手里，无论何时何地，不满于现状的我们只要有了改变自己的动力，就可以大胆去尝试，而不需要去管什么时候，你已经多少岁了。对于我们的人生旅途来说，不敢尝试才是最大的失败，改变自己，什么时候都不晚。

想要成功就不要害怕冒险

美国一位农妇画家说过这样一段话："做你喜欢做的事，上帝会高兴地帮你打开成功的门，哪怕你现在已经80岁了。"这句话鼓舞了很多人，鼓励他们从事自己喜欢的事情。它同样告诉我们，若是想要改变自己的命运，没有什么比立即行动更有效的办法了。只要我们下定决心，现在就朝着自己的目标前进，那么就可以做成自己想做的事情。

但是很多人却忽视了这个道理，总是找各种理由来推迟自己的行动，甚至是不行动。有些人埋怨工资少、待遇不好，埋怨不能获得老板的青睐和重用，可当别人建议他们努力工作，改变现状的时候，他们却说："我现在已经这样了，再努力还有什么用？"当别人鼓励他们跳槽的时候，他们却说："我现在工作还算稳定，跳槽是不是太危险了？现在竞争这么激烈，万一找不到更好的工作怎么办？"

有些人想要从事自己喜欢的工作，追求年轻时的梦想，但是当有人劝他勇敢做出选择的时候，他们却说："我现在已经年过三十，再追求喜欢的事情，还来得及吗？"

还有些人遇到了绝好的机会，只要肯踏出第一步，马上行动，便可迎来赚取一大笔财富的机会。可在机遇面前，他却踌躇起来，说："现在条件还不成熟，我等条件成熟一些再行动吧！""我的资金都是向亲戚朋友借的，我还是小心一些吧！"……

看吧！在行动面前，这些人总是能够找到各种各样的借口，在他们看来，这些借口都是合情合理的。可实际上，他们只是用这些借口来掩饰自己内心的懦弱而已，除了能够进行自我安慰，助长自己的懦弱和懒惰之外，根本就没有任何用处。

换一句话来说，这些人害怕冒险，害怕尝试，所以面对任何事情都习惯找借口，好“理直气壮”地拖延行动的步伐，或是什么也不做。然而在人生中，不敢冒险和尝试才是最大的冒险，因为若是如此，到头来，我们将什么也无法获得，什么也无法改变。

所以，我们应该学会抛弃借口，勇于尝试和冒险，不要让内心的懦弱阻止前进的步伐，更不要让回避的态度毁掉美好的未来。正如古人所说的：“不入虎穴，焉得虎子。”也如爱迪生所说：“不要试图用语言证明你是什么样的人，你是否有成就在于你是否有行动的习惯。一种是畏首畏尾，它决定了你永远没有成功的机会；另一种是敢拼敢闯，它注定你脚下的路必然通向罗马。”

想要成功却不想冒风险，只想着在安全区内行动，那是根本不可能的。从古至今，多少成功者的经验告诉我们，风险在所难免，敢于尝试的态度，这对于一个人来说是非常重要的。

在华人领域中，印尼富豪李文正可以说是敢想敢为的典范，他就是凭借着自己的勇气，靠着手里的2000美元，最终成为人人艳羡的超级富豪。

20世纪60年代，印尼基麦克默朗银行因为管理不善，到了濒临倒闭的边缘。这家银行的负责人和李文正是朋友，为了让银行起死回生，不得不找李文正帮忙，希望李文正能够筹集和投资20万美元，并提供一笔额外的营业资金。

对于这样的请求，李文正非常动心，因为这可能是一个大好的机会。但是，他当时手头上仅有2000美元的积蓄，如何筹集20万美元呢？换作其他人或许就找借口拒绝了，说什么“我手里只有2000元美金，怎么能筹集那么多钱？”或是“我从来没有受过任何银行业务训练，想要经营好银行，又谈何容易？”

可李文正经过一番思考后，当机立断，决定接受这一重大挑战。他认为想让基麦克默朗银行恢复生机，就必须重新定位，找到别人没有发现的市场，而自行车行业就是很不错的市场。

当时雅加达的自行车拥有者大多都是福建籍人，他通过自己的关系，多方联络，广泛招股，拉了很多福建籍华人富翁入股，很快就筹集了20万美元。之后，李文正成为这家银行的董事，并且拥有优先认购这家银行20%股份的权利。至此，李文正便正式踏入银行界。

虽然开始困难重重，但他虚心学习，钻研业务，很快就使得银行走出困境、实现盈利。3年后，这家银行发展迅速，获得了巨额的利润。之后，李文正信心十足、雄心勃勃，决心再扩大事业，先后接受了布安那银行、泛印银行、中亚银行，使得多家银行起死回生，获得了很大的收益。尤其是中亚银行，经过李文正10年的苦心经营，成为东南亚最大的银行。而敢于行动，为别人之不敢为，这正是李文正取得成功的秘诀。

所以，真正阻碍你成功的不是那些所谓的借口，而是你内心的懦弱。对于一个人来说，勇气和胆量就是他迈向成功的重要品质，相反，若是没有勇气和胆量，那么他就会害怕失败，不敢做任何尝试，即便面对绝好的机会也会因为懦弱而畏缩不前。

为了心中的梦想，请战胜内心的懦弱，大胆前行，抛弃那些所谓的借口吧！

格局再大，也要靠小目标来实现

如今流行这样一句话："格局大了，事就成了。"格局就是一个人的眼光和胸襟，一个心中装有大格局的人，便会树立远大的目标，跳出个人的视角来审视机遇和困境，然后向着自己的目的地不断地前进，从而获得大的成就。

可以说，只有拥有大格局的人，才能有大作为。这正如那一句谚语：再大的烙饼也大不过烙它的锅。这句话的意思是，你可以烙出大饼来，但是你烙出的饼再大，它也得受烙它的那口锅的限制。反过来，你若是想要烙出更大的饼，那么就必须让自己拥有更大的锅——那口锅就是所谓的"格局"。

生活中很多人没有大格局，做事往往只顾着眼前的利益，不能把眼光放得远一些，不知道更远处隐藏着更大的机遇，所以往往很难成就大事业。可生活中也有很多这样的人，他们总是觉得自己能力超群，能够成就不凡的事业，所以一心只想着做大事，然后为自己立下非常远大的目标。可事实上，等到行动的时候，他们却连一点小事都不愿意做，不肯脚踏实地地从第一步做起，结果只能空谈大格局，却什么事情也做不成。殊不知，有大格局就应该有大觉悟、大行动，若是缺少了后者，格局就会变得华而不实，甚至成为空谈。

所以，格局再大，眼界再高，胸怀再宽广，最终还必须靠“行动”二字。这是因为，任何远大的目标都是从近处开始的，任何大事都是由小事组成的。没有做好小事的能力，没有平日踏踏实实的积累，纵然你的格局再大，也会竹篮打水一场空。

对于这一点，世界首富比尔·盖茨的一番话就是最好的说明。他说：“我从来没把自己当成一个‘做大事的人’，自己之所以能够成功，只因为自己把每一件小事都做到位了而已。你不要认为为了一分钱与别人讨价还价是一件丑事，也不要认为这没什么出息。金钱需要一分一厘积攒，而人生经验也需要一点一滴积累。”

我们应该让自己的大格局“软着陆”，从小事做起，从近处的目标做起，然后一步步地实现大目标。如此一来，大格局才能有“大手笔”。事实上，很多有大格局的人都是靠赚小钱成家的，他们从小事做起，然后一步步地实现了自己的财富梦想。

美国一位名叫安德森的企业家就是如此。

如果我问："只卖1美元的商品，能够赚取财富吗？"很多人或许会拼命地摇头，连连说这怎么可能？可事实上，安德森就是靠"1美元"来起步发家的，因为他有着远大的目光，把目光放在了这"1美元"之后的长远利益之上。

开始的时候，安德森没有什么资金，做不了什么大生意。灵机一动之下，他想到一个好办法：他在当地一本畅销的妇女杂志刊载出这样一则广告："1美元商品"——这些商品都是非常实用、实惠的产品，且厂商都是有名的大企业。

这样一来，很多客户看中自己满意的产品之后就会汇款过来，然后他再用收来的钱直接去买货。那么为什么他会坚信客户肯定买账呢？这是因为这些商品中，有20%的进货价格超出1美元，60%的进货价格刚好是1美元。对于客户来说，这是非常实惠的。所以，广告一经刊登，订购单就像雪片一样纷至沓来，安德森的生意非常火爆。

有人又问了，"这样一来，安德森不是吃亏了吗？而且客户买的商品越多，他的亏损就越多"。你认为安德森是一个肯做亏本买卖的傻瓜吗？显然不是，他的目标并不是这些1美元商品，而是其他利润更高的商品。在为客户寄送商品的时候，他会根据客户选择商品的种类，给客户寄去一份商品目录和商品图解说明，再附一张空白汇款单，而这些商品的价格通常在3美元以上100美元以下。

因为所有顾客都在安德森那里买到了价格实惠、质量不错的商品，对他产生了信任之感，所以往往更愿意继续买他推荐的其他商品。就这样，安德森以小金额商品的亏损换来了大量顾客的“安全感”和“信用”，不仅弥补了之前的亏损，还获得了更多的利润。

之后，安德森依旧秉持这种薄利多销的经营原则，生意也越做越大，很快就成立了一家销售公司。

试想一下，古往今来，哪一个眼高手低的人，做成了一夜成为亿万富翁的美梦？又有哪一个空谈格局的人，获得了非凡的成就？李嘉诚、比尔·盖茨、马云、郑裕彤……这些赫赫有名的大富豪，哪一个不是从最底层做起，不是一步步地攀上了人生的最顶峰？

任何人都不是超人，不能实现一跃千里和一夜暴富的梦想。空有大格局，却不肯从小事做起，那么只能陷入自己编织的美好骗局之中，最后任何事都无法做成。所以，我们不仅要有大格局，更要让大格局有更好的归宿；我们要树立远大的目标，更要踏踏实实地行动。

我们要明白一个道理：格局再大，也要靠小目标来实现。比如你想要成为富翁，那么就不能空有野心，更不要每天想着成为亿万富翁，却不屑于赚所谓的“小钱”。你必须树立远大的目标，然后从小事做起，一步步地实现自己的财富梦想，如此一来，财富才能像滚雪球一样越滚越大。同样的道理，我们的梦想再大再宏伟，也一样需要一步一步脚踏实地去实现。

一味追求“稳妥”，不会有大成就

工作和生活中，我们身边有许多人都喜欢把“稳妥”挂在嘴边，不管做什么事情都力求安全第一，按部就班，能不冒风险就不冒风险。可时刻想着稳妥些，真的好吗？

不可否认，做事稳妥的人，确实不会冒进和蛮干，不管做什么事情都会三思而行，谨慎小心。这样的行为会让他避免出不该出的错，避免遭受不必要的损失。可实践证明，这样的人也很难突破和超越自己，成就伟大的事业。

这是因为财富和机会往往是和风险相伴的，越是有风险的地方就越蕴藏着难得的机遇，越能让人们获取难以想象的财富。看看历史上那些获得巨大成就和财富的人，哪一个是时刻想着稳妥的人，哪一个是不敢冒险的人？正是因为他们敢于冒险，做别人不敢做的事情，所以才能成就伟大的梦想。

洛克菲勒曾经对自己的孩子约翰说："好奇才能发现机会，冒险才能利用机会。我厌恶那些把商场视为赌场的人，但我不拒绝冒险精神，因为我懂得一个法则：风险越高，收益越大。而驰骋商海，对每一个人来说，都是生活提供给他的最伟大的历险活动。"他是一个敢于冒险的人，所以鼓励自己的孩子也要敢于冒险，因为他知道只有敢于冒险的人才能收获更多。

同样，成功企业家阿曼德·哈默也有这样的看法。当有人请教他获得财富的秘密时，他总是反问一句："你敢冒险吗？"在他看来，敢于冒险就是成功必不可少的前提条件。

在一次晚宴上，一个人凑到哈默跟前请教“发家的秘诀”，哈默皱皱眉说：“实际上，这没什么，你只要等待俄国爆发革命就行了。到时候打点好你的棉衣尽管去，一到了那儿，你就到政府各贸易部门转一圈，又买又卖，这些部门大概不少于二三百呢……”

那人没等哈默说完就气呼呼地离开了，因为他觉得哈默是在耍自己——自己虚心向他请教，他却说这些有的没的。

然而这位请教者不知道的是，其实哈默的这番话正是自己发家的秘诀——20世纪20年代，哈默通过俄国的冒险之旅，获得了人生的第一笔财富。当时，哈默还是一名医生，管理父亲留下的药厂，他本可以拿着听诊器，坐在清洁的医院里，为病人们治病，然后安稳地过完一生。可是，他却厌倦了这种平淡的生活，想要干一番大事业，实现自己的财富梦想。

为了实现自己的梦想，哈默决定前往俄国，他觉得那里可能存在着巨大的商机。可是这个想法立即遭到所有人的反对，有人甚至觉得他已经发疯了。因为当时苏联被内战、外国军事干涉和封锁弄得经济萧条，怎么可能有什么商机呢？就算有商机，那里刚刚发生了大革命，混乱不堪，再加上各种传染病和饥荒肆虐，是多么危险啊！

可是，哈默却不在乎这些。他知道列宁领导的苏维埃政权采取了重大的决策——新经济政策，鼓励吸引外资重建苏联经济。若是自己能抓住这个绝好的机会，肯定能赚一笔大钱。于是，他不顾所有人的反对，只身来到苏联。

虽然他早就知道这里破败不堪，但是亲眼看到那里的景象之后，依旧感到震惊不已——那里霍乱、伤寒等传染病流行，城市和乡村到处都有无人收殓的尸体，饥饿的人们到处寻找食物……

震惊之余，精明的商人头脑告诉他：这里急需各种物资，尤其是粮食。而此时，美国粮食大丰收，价格暴跌，农民宁肯把粮食烧掉，也不愿以低价送到市场出售。哈默通过了解得知，此时苏联需要大批粮食才能使得乌拉尔山区的饥民度过灾荒。

正所谓，机不可失，时不再来，哈默立即与

相关部门协商，希望能够从美国运粮食过来，然后换取苏联的货物。苏联的物产非常丰富，其中毛皮、白金、绿宝石都是美国人民需要的，且价格昂贵。很快，双方达成合作协议，哈默成为第一个在苏联经营租让企业的美国人。领导人列宁对哈默非常重视，给了他更大的支持和特权，让他做苏联对美贸易的代理商。

就这样，哈默不仅通过交换粮食获得了大笔财富，还成为美国福特汽车公司、美国橡胶公司等三十几家公司在苏联的总代表。随着生意规模越来越大，他获得的利润也越来越多。

从此之后，哈默便把敢于冒险视为经商的首要宗旨，并且对别人说："只要值得，不惜血本也要冒险！"1956年，58岁的哈默冒险收购即将倒闭的西方石油公司，开始进军石油领域，十几年后，西方石油公司年收入达到60亿美元的惊人数字——他的冒险又创造了一个财富奇迹。

比尔·盖茨这样说："如果一生只求平稳，从不放开自己去追逐更高的目标，从不展翅高飞，那么人生还有什么

意义？”

是的，没有人能够不承担风险，就可以坐等财富找上门。你想要赚取一个亿的财富，那么就必须有冒一个亿风险的勇气。“安全第一”“稳妥起见”，这些词语都应该从我们的脑海中去除，若是你时刻都想着稳妥些，奢望从安逸和安全中寻找机会，那么恐怕终其一生也难以成就大事。

当然，冒险不是鲁莽，更不是明知道前面是悬崖，却非要向前冲。敢于冒险的人，同时也是理智的人，他们知道勇气首先要建立在理性的基础之上，不顾一切地逞匹夫之勇，把自己置于悬崖边，到头来恐怕只能是玩火自焚，不仅距离财富和成就越来越远，还只能是竹篮打水两手空空。

对于我们来说，年轻的岁月就那么几年，那是人一生中最宝贵的几年，可谓黄金岁月，大好青春当然要努力拼搏一番，待到事业有成的时候再慢慢享受安稳的生活。如果年轻时就一味追求稳妥，或许可以过得幸福，但是到年老时回头看看自己走过的路，会发现自己不仅毫无成就，生活也毫无激情，到那个时候后悔也来不及了。所以，年轻时还是对自己要求高一点，追求远大一点，要知道人生能有几回搏，此时不搏，更待何时？

举个例子来说，这就像你特别心仪一个优秀的异性，却连去舞会认识一下的勇气都没有，又怎么可能会有进一步的发展？如果你能放弃一部分安全感，放弃对绝对稳定的追求，而去深入研究你所专注的方向，去勇敢追寻你想要的东西，那么你就会比别人站得更高，看得更远，也走得更快。

给梦想一个“截止期限”

庆祝生日的时候，我们总喜欢许个愿望；看到流星飘过的时候，我们也喜欢赶紧许一个愿望。这其实是人们内心渴望心想事成、愿望成真的美好期盼。但在很多时候，有些人会把愿望和目标混为一谈。比如，生日许下的愿望是“希望父母家人身体健康。”这样的美好愿望只是一种期许和祝福，是不需要期限的。再如“希望今年考过英语四级”这样的愿望，要当作目标来对待，也就是说，不是在脑海里想想就行了，而需要一个实实在在的计划，以及何时必须完成的底线。

然而，曾几何时，我们渐渐习惯了期待，我们忍受无趣的生活，期待着更美好的时光；我们忍受着工作的枯燥，期待着事业有所起色；我们忍受着清贫的生活，期待着自己早日财务自由……可惜，如果我们只是在原地等待，美好的生活并不会主动向我们走来。

生活中，喜欢制定目标的人虽多，可是我们仔细观察就会发现：有不少人制定的所谓的目标，仅仅是给自己的一个心理安慰，甚至只是一个美好的期许。因为他们在装模作样信誓旦旦地制定目标时，根本就不打算给这目标一个确确实实的期限和底线，这样的“目标计划”，不制订也罢。

一个在完成期限上“毫无底线”的梦想，只能算是空想，必定是遥遥无期的。其实这是件挺奇怪的事情，在日常生活工作中，我们常常被各种各样的截止期限裹挟着忙忙碌碌，四处奔波，生怕手头的任务超过了完成的截止期限，而引发不好的后果。而我们却偏偏忘记给自己的梦想加一个截止期限，反倒让自己的梦想期限因为一些琐碎的事情而不断推迟。

我们为何不能给自己的梦想制定一个截止期限呢？在文学和商业领域，截止期限这个概念有着非常神奇的作用，我们甚至可以说，截止期限这件事堪称人类的一大发明，如果太多的事情没有截止期限，这个世界前进的节奏说不定都要变慢许多。

著名作家克里斯·巴蒂写过一本《30天写小说》的书，书中介绍了如何给自己定下写一本书的目标，并且在30天内无条件去完成。这本看上去普普通通貌似写作技巧工具书的书籍，却在众多文字工作者以及网站上引起了轩然大波，大家纷纷自发组织起活动，真的把这本书的名字“30天写小说”付诸了行动，并且衍生出了30天作品比赛等赛事，涌现出一批精彩的作品和优秀的作者。

当然，这本书引发的最大讨论，是在于“截止期限”这个概念，大家没有想到，强行给创作这件事加上截止期限之后，按时完成竟然并没有想象的那么难，甚至会在这个过程中激发出平时轻松状态下不可能出现的灵感。

书中有这样一句话：“阻碍人们实现文学创作梦想的并不是缺乏天赋，而是缺乏截止期限的压力。只要给自己制定一个宏伟的目标，有一个和谐的环境和适当的期限限制，奇迹就会发生。”

生活中，很多人也喜欢制定自己的目标，其实在生命的各个时间阶段，每个人也都会有自己的人生目标。只是我们在制定了目标之后，也仅仅是一个目标罢了，并没有为了能够达到这个目标，是不是愿意也制定一个截止期限，这也正是太多人生目标遥遥无期的原因所在。

美国有一个名叫乔治·格什温的作曲家，他从来没有写过交响曲，而当时美国最著名的斯坎德爵士乐团的著名指挥家，却非常欣赏他的作品风格，想尽办法联络上这位作曲家，并且专程拜访，邀请他为交响乐团写一部交响曲。他认为，以乔治·格什温的风格，写出来的作品定然非同凡响，能够给无数观众带来一场音乐盛宴。

但是他万万没想到的是，固执的格什温声称自己对交响乐一窍不通，就算是要写，出于对自己艺术生涯和名声的负责，也会一步一个脚印，在摸索中去探索和了解交响乐，如果要拿出成熟的作品，至少要一年之后了。

而指挥家却不这么认为，他既不接受乔治·格什温的这番说辞，也等不了一年，他认为以乔治·格什温的才华，绝对能够很快写出优秀的交响乐。为了达到自己的目的，这位指挥家竟然脑洞大开，在报纸上刊登了一则广告，说20天后，音乐厅将上演格什温的交响乐《蓝色狂想曲》。

格什温看到广告，看到杜撰出来的这个不知所云的交响曲名字后，大惊失色，跑去质问指挥家为何要做出这样的事情，这样一来，20天后不可能完成作品，这不是让自己出丑吗？

指挥家倒是淡定，他给了格什温一个高深莫测的微笑，说反正这下全城人都知道了，你看着办吧。格什温思前想后，实在是没辙，只好将自己关在屋子里，两周时间足不出户，不眠不休，硬是在登报的日期之前完成了这部作品，交响乐按时上演，而且演出竟然大获成功。格什温的名气瞬间提升了几个数量级，他对这位指挥家的态度也由愤怒转变为敬佩和感激。

我们的人生又何尝不是如此呢？人们总是对已经拥有的过去不忍放弃，对舒适平稳的生活恋恋不舍，甚至思维模式陷入僵局而不自知。但是，在关键的时刻，如果把自己置身于人生的悬崖边上，那他的人生就极可能有所突破，因为，在看似深渊的边缘，才有可能获得更加广阔的天空。

有时候，我们的一时懈怠，可能就会与成功失之交臂，因为，机会从来不会等待你的准备。人生之路上，我们确实需要多给自己制定一些“截止期限”，从而使自己获得重生，让生命之树开出更加绚烂的花朵。

我们的人生经受不起一再蹉跎，时间就是生命，机会永远留给有充分准备的人，就像公交车一样，有它的运行时刻表，如果车已经来了，你还没有抵达站台，那么你上车的概率永远都是零。机会更是自己努力换来的，就像超市做活动降价的商品，不可能排队的所有人都能买到，如果你不去努力往前挤的话，那么你很可能就会失去购买的机会。

“是金子迟早会放光”的话没有错，但如果发掘的人都已经走了，你还没有开始放光，那就别怪别人没有发现了，不妨给自己一个“发光”的期限，用“截止期限”给自己创造一个机会，说不定人生也会随之改变。

给你的梦想一个截止期限吧，无论你的梦想有多么宏伟和遥远，你都可以去给它一个期限。比如，可以将太大的梦想分成很多个阶段，先从低阶段开始做起，给每个阶段一个截止期限，然后坚定地去执行和完成。如果你真的这么做了，说不定你的梦想很快就能实现。而如果你的梦想永远都没有行动计划，也没有截止期限，那你的梦想也必然会永远拖延下去。

不试一试，怎么知道自己不行？

罗曼·罗兰说：“没有人能真正战胜你，也没有人能真正拯救你，除了你自己先相信自己，然后别人才会相信你。”没错，这个世界上唯一能阻碍你成功的，就是你怀疑自己，不相信自己真的能够获得成功。而其他那些诸如环境、机会、能力、出身等都不过是你内心懦弱、不敢勇往直前的借口罢了。

然而很多人都不相信自己，他们不敢尝试，时常在行动之前担心地说：“万一，这一次我失败了怎么办？”“我还是等一等吧！等到别人成功之后我再行动，这样一来就可以避免犯错。”“我的能力不如别人，别人都没有成功，我怎么能创造奇迹呢？”

可你都没有开始行动，怎么就知道一定会失败？你都没有踏出这一步，又怎么知道自己不行呢？现实是无情的，竞争是残酷的，你不真真切切地付出行动，大胆地尝试，又怎么能搏得美好的未来？因此，哪怕某件事情存在着风险，成败尚未确定，我们也应该逼自己一把，亮出冲天勇气，豁出去试一试。

一个孩子，他的父亲是一位马术师，为了生计不得不到处奔走。这个孩子从小就必须跟着父亲东奔西跑，从一个农场到另外一个农场。由于居无定所，没有良好的学习环境和太多的学习时间，这个孩子的学习成绩很不好，也不受老师的欢迎。

一天，老师给全班同学布置了一个作业，让他们写出自己长大后的志愿。这个孩子因为时常和父亲到处奔波，在耳濡目染之下喜欢上驯马，并且梦想着有一个属于自己的农场，然后养很多很多强壮的马匹，和父亲在农场上肆意地奔驰。

平时，这个孩子很少认真地完成作业，可面对这个作业他却万分认真，花费了一个晚上洋洋洒洒地写了7张纸，描述他的伟大志愿。他还仔细地画了一张农场图：一座广阔的农场上，奔驰着一群群骏马，而在农场中央则是一栋占地4000平方英尺的巨宅，这是他们一家人幸福生活的家园。

第二天，他信心满满地把这篇文章交给老师，以为老师会给自己一个“A”。谁知老师竟然给他一个又红又大的“F”，他不能理解，不知道老师为什么会给自己不及格。下课后他找到老师，询问：“老师，这篇文章我写得很用心，您为什么给我‘F’？”

老师看了看他，解释说：“你这个志愿实在是太离谱了！你家里没有钱，又没有背景，而且你学习并不好，怎么能实现这么远大的理想？要知道，想要拥有这样大的农场，可不是一件容易的事情。你不能太好高骛远，要脚踏实地。这样吧，你如果肯重写一个实际些的志愿，我会考虑重新给你打分数。”

听了老师的话，这个孩子陷入矛盾之中：“我最大的志愿就是拥有一座属于自己的牧马农场，为什么要重新写呢？可是，若不重写的话，老师恐怕不会让我及格。我究竟应该怎么办呢？”拿不定主意的他，只能征求父亲的意见。

父亲微笑着说：“孩子，这是你自己的事情，你必须自己拿定主意。”

经过一段时间的思考之后，这个孩子决定坚持自己的信念，他在心里对自己说：“我的志愿就是拥有自己的农场，为什么要因为别人的意见而改变呢？而且，我都没有尝试一下，怎么就确定无法实现呢？如果连我自己都不相信自己，那么还有谁能相信我呢？”于是，他一个字都不改原稿交回。

相信很多人都猜到结果了，是的，在很多年

后，这个孩子真的拥有了200亩的农场和占地4000平方英尺的豪华住宅。在农场开业这一天，他邀请了很多朋友、亲人来参观农场，包括那位老师。

所以，大胆尝试是成功的开始，能给人带来收获和喜悦，更能激发人的勇气和胆量。在成长的道路上，我们需要不断地尝试，不断地用行动来挑战自我。即便真的失败了，这也没有什么，至少我们战胜了自己的懦弱，证明自己是敢做敢为的勇敢者。况且，失败是成功之母，这一次失败会让我们受益匪浅，为下一次成功奠定良好的基础。

不要总抱怨自己为什么不成功，不要总羡慕别人为什么那么好运。若是你不能成功，无法实现自己的梦想，只能怪你自己不相信自己，没有大胆尝试的勇气和魄力。

不要被“这太难了，我根本做不到”“这件事情我没有做过，我不敢做！”“没有尝试过，失败了怎么办？”这样的想法困住自己的脚步，更不要让它侵占我们的内心。否则，我们会失去做很多事情的勇气，更会失去相信自己的能力。

很多时候，人生就是我们自己和自己的较量，战胜自己，勇敢地做自己想做的事情，那么我们就会使自己脱颖而出。

若是不能战胜自己，做事之前顾虑太多，或是怀疑自己不行，那就只会一步步走向平庸。

刚进入微软公司的时候，李开复不太自信，总不敢发表自己的意见，怕自己说错话，怕自己的意见不能得到肯定。可是他也知道，若是自己始终不发言，就永远也无法证明自己，更无法赢得老板的青睐。于是，在一次会议上，他大胆地说出自己的想法——公司应该取消改组会议，以避免公司整天都陷入公司改组的斗争。

结果，他的建议竟被老板接受了，还夸奖他想法独特，许多同事也都称赞他。从此李开复无论在任何场合都敢于发表自己的看法，无论做任何事都敢勇敢地前行，最终走向了成功。

所以，为什么不勇敢地试一试呢？做自己想做的事，勇敢地向前行，这才是我们最应该去做的事情。从某种意义上讲，不敢尝试才是人生中最大的失败。